编织与建筑

WEAVING AND ARCHITECTURE

陈威 著

中国美术学院出版社

CHINA ACADEMY OF ART PRESS

写在前面

出于对自身研究领域的总结，我一直想以跨学科的视角写一本关于编织与建筑的书，以试图超越把"编织"仅仅视为手工技艺的惯常理解，尝试从建筑的角度研究建筑形态的编织语汇。编织作为一种传承已久的手工技艺，以自然材料和手工匠作为出发点，从日常生活器物的编织，到用于原始居所的营建，编织的应用从来都与人类的生产生活息息相关。编织与建筑的关系由来已久，且这种应用和发展从未间断，并形成了不同于手工艺领域的别样的发展境况，只是很少有人去作这方面的梳理和研究。

　　创新对于设计来说是灵魂，富有创造力的设计总是不断地给我们以惊喜，我们也一直在探索中找寻各种蕴含的可能性。在我的教学实践中，我总是对学生说，灵感和启发要跨学科去找寻，不要只盯着自己的一亩三分地来回转悠，应该从广义的、跨学科的层面去进行各种实验性的拓展研究。"编织"作为一种线性材质的逻辑组合结构，其在建筑中的应用已然不只是手法的挪用借鉴，而是已经发展成了一种思维方式，或者说是建构方式上的启发关系。"编织"的建筑形态研究与实验得益于科技的快速发展和跨学科的开源思维，我们可以从多维度、多视角重新审视"编织"这一传统的手工技艺，挖掘其内在价值和形态潜力。

　　当今，数字建造技术的日趋成熟，使得建筑领域的编织形态设计与实践日益增多，建筑师受传统的编织形式所启发，把编织与数字技术结合起来，尝试用机械臂、机器人编织建造建筑形态的轻型结构。这些尝试借由新材料与编织的结合应用，将编织的建筑形态探索推向一个新的维度，为建筑的实验创新带来了前所未有的突破。

本书将编织与建筑作为研究的切入点，并将其置于动态、多元、跨界的开放体系之中，构建一个跨学科的新场域，希冀对建筑的形态创新能有一定的现实意义。

陈威

2023 年 11 月

目录

绪　论

当今，科技的快速发展使作为传统手工艺的编织面临着巨大的挑战，原先根植于乡村坊间的手工编织所处的尴尬和没落的境地是显而易见的，但其在不同领域、不同层面又呈现出某种生发的趋向，其形态特征、工艺手法和构造逻辑被其他领域所挪用借鉴，并得到一种拓展和衍生。通过学科之间的相互渗透与跨界融合，编织借此获得了多样与开放的发展契机。如编织在建筑领域的应用由来已久，并形成了不同于手工艺领域的别样的发展境况。而且，当代数字技术的应用使得建筑领域的编织形态设计与实践日趋增多，建筑师受传统的编织形式所启发，把编织与数字技术结合起来，尝试使用机械臂、机器人编织建造复杂的轻型结构。借由建筑领域对编织的结合应用，将编织的建筑形态探索推向一个新的维度，为编织的形态创新带来了前所未有的突破。在这一背景下，尝试从建筑的角度研究编织的建筑形态语汇，以一种开源的、跨领域的多元手法，从广义的、跨学科的层面进行编织与建筑的拓展研究是本书的缘起。

编织和建筑一样都根植于人类的起源与发展，并绵延数千年。四川出土的盘古王表碑 中记载了远古的旧石器时代早期，有巢氏"编槿而庐，葺藋而扉，塓涂茨翳以蔽风雨，是为有房屋之始"，可见，编织与建筑的关系由来已久，且这种应用和发展从未间断。编织作为一种传承已久的手工技艺，以自然材料和手工匠作为出发点，从使用藤、柳、麻、竹等材料编织日常的器物，到用这些材料进行原始居所的营建，可以说，编织的应用与人类的生产生活息息相关。

1　盘古王表碑，托名记述从盘古王到大禹时代的史表，刻于四川盐亭天垣盘垭村盘古王表龟碑，相传为大禹在其出生地天垣盘垭村亲立，真实性存疑。刻碑时间在南宋前后，破译人是清末学者何拔儒。
2　出自《盘古王表》，原文："昊英氏继之，传九世。有巢氏继之，教民编槿而庐，葺藋而扉，塓涂茨翳以蔽风雨，是为有房屋之始，亦曰古皇，传七世，权臣为变而亡。"

"编织"于人类的应用和发展有两条主线：一条是以织物和器物编织为主线的手工艺范畴的编织；另一条是手工艺范畴外的如建筑领域的编织，或者说是编织思维的衍生和拓展，两者都因时代、社会、科技因素的变化而发展变化。以建筑形态作为切入点，通过建筑的视角研究"编织"与"建筑"，对编织在时代语境下的发展和应用于建筑形态创新具有现实意义。

围绕建筑领域的编织形态研究，对编织的发展嬗变作跨领域的深入研究是一种开源的思考方式。形态研究一直是人们理解和欣赏艺术本原的出发点，这不仅仅是形式的演绎或美学的诠释，也是集美学、工艺、材料、科技于一体的综合研究。苏联美学家莫·卡冈（M.C.Kagan）认为，艺术形态的话语构建首先是作为某种物质结构的组合，这也许契合了"编织"作为一种线性材质的逻辑组合结构。今天，"编织"的形态研究与实验得益于科技的快速发展和跨学科的开源思维，我们可以从多维度、多视角重新审视"编织"这一传统的手工技艺，挖掘其内在价值和形态潜力。

事实上，编织之于建筑，已经不仅是手法的挪用借鉴，而是发展成一种思维方式，或者说是建构方式上的启发关系。编织在建筑中的应用，已然作为一种手法与建构融为一体，难以分割了。当编织用于空间的隔断、围合或表皮时，具有如同织物般的肌理特征，有着丰富的视觉层次感；而当编织生成三维的空间形态时，具有如蛛网般的在空间延展的特征，其线性形态的张力和即视感也就更强。编织的线性构造呈现有序复杂的结构变化，给空间带来了一种韵律之美。因此，编织在建筑中的应用，因其形式的复杂性和多样性而受到越来越多的关注。编织与建筑有什么源流和关联？建筑形态的编织与一般含义（手工艺）的编织有什么不同？如何站在建筑的角度看待建筑中的编织应用？建筑的编织实验对建筑的形态创新有什么启发？编织在数字时代是否能在建筑的空间形态创新上衍生出更多的可能性？循着以上问题的所指，是本书展开研究的基础。

本书以跨界的范畴和研究视角来探索编织与建筑的新语汇，将编织带入建筑这一丰富有趣的新视域。通过跨学科的分析研究，梳理编织的源流脉络，研究编织在建筑形态领域中的实践与实验。本书中的 "编织"是一种广义的"编织"，包含了建筑领域中的"拟编织"和"类编织"的编织现象。建筑中的"编织"在这里是一种有编织结构的营造，而建筑空间意味着将编织带入三维立体的形态维度。纵观"编织"的研究，以往多基于二维面片层面的编织样式和手法的梳理，对空间形态的编织却鲜有涉及。本书从研究建筑形态的编织入手，一方面，它以跨学科的形态研究为指向，结合形态学理论产生横向联系；另一方面，其衍生出的富有逻辑的空间形态编织构造，应用于建筑设计的形态创新，为建筑带来了一条拓展之路。编织与建筑的关联，在于以跨学科的视角丰富我们对编织的固有认知——开启了一种空间形态编织的向度，以探讨编织在形态语汇上更多元的发展趋势。在当今数字化时代，借由"编织"自身的语言，通过跨学科的实验融合，对事物间整体关联、动态进化机制的关注，形态流变的混沌性和丰富性是当今建筑与编织结合的反映，其实质是在这一机制引导下，相应的创作观念的拓展转变。编织与建筑的研究展现了编织丰富多元的空间形态，探索编织在空间形态领域的可能性。这对于拓展编织艺术创作视野，建构面向数字时代的形态理论，推进建筑形态的多样性拓展，提升建筑的多元化具有一定的时代意义。

在当今复杂、多元的语境下，站在一个跨学科的角度来讨论编织与建筑是否会产生一种旁敲侧击式的引发？因此，本书不仅涉及传统手工编织的历史回顾和源流反思，还借鉴了诸如人类学、社会学、文化学、工艺学、美学、建筑学等的研究视角，以期扩大对编织在建筑领域的研究视域，用立体的维度来俯瞰和重新认识"编织"在建筑领域潜在的真正能量和价值。本书理论研究从"编织"与"建筑"的关联出发，理论来源追溯至德国 19 世纪杰出的建筑师和建筑理论家、西方近代建筑理论发展的奠定人之一戈特弗里德·森佩尔（Gottfried Semper）的著作《建筑四要素》，森佩尔在他的四要素理论中，追本溯源地将编织这种古老的技艺与人类早期的建造活动联系起来，并认为"编织与建筑同步"，所以其理论是本书研究展开的理论依据。苏联美学家莫·卡冈所著的《艺术形态学》是本书作为形态学研究的理论基础。卡冈认为艺术形态的话语构建是某种物质结构的组合，也就是说，作为具有空间形态特征的对象被创造出来，存在并出现在感知面前。德国哲学家、法兰克福学派代表人物西奥多·阿多诺（Theodor Wiesengrund Adorno）的《美学理论》中对"物性"问题的讨论，是"编织"在材料维度的哲学思辨，是本书从"材料"（或"物料"）的角度来研究编织的思路脉络。法国哲学家加斯东·巴什拉（Gaston Bachelard）所著的《空间的诗学》是关于诗化空间的重要文本，是本书研究编织的空间诗学的理论依据。巴什拉建立起的交叉研究框架对于编织与建筑的空间形态与诗学的关联性研究具有重要的理论价值。

美国社会学家丹尼尔·贝尔（Daniel Bell）在 1973 年出版的《后工业社会的来临》一书中认为，科技革命将给人类社会带来一个新的发展阶段——"后工业社会"，并概括了以知识为轴心，以服务业为主导，以信息技术为特征的后工业社会的未来。丹尼尔·贝尔的研究为本书以后工业社会的角度来剖析编织的没落病因提供了视角参照。德国经济学家克劳斯·施瓦布（Klaus Schwab）所著的《第四次工业革命：转型的力量》中，对第四次工业革命如人工智能、纳米技术、新材料、移动网络和传感器、3D 打印技术等的描述，再次印证了丹尼尔·贝尔关于后工业社会以知识为轴心的论断。施瓦布认为第四次工业革命是整个系统的创新，以人工智能、大数据等为代表的新技术将是未来趋势。这为本书肯定了将编织的当代建构与数字科技兼容的设想。德国哲学家瓦尔特·本雅明（Walter Benjamin）在其撰写的《机械复制时代的艺术作品》一书中，针对科技发展对艺术产生的影响进行了哲学反思。本雅明认为技术的巨大革新为艺术形式带来的变化是显而易见的，新技术的出现会推动传统艺术生产方式上的革新。本雅明对科技与艺术的论述有助于讨论编织在数字时代的发展方向问题，而法国当代哲学家贝尔纳·斯蒂格勒（Bernard Stiegler）的三卷本著作《技术与时间》将技术哲学与现象学融合在一起，其在海德格尔现象学的基础上，从一个全新的视角讨论人与技术的关系问题。斯蒂格勒对于人与技术的关系以及此在之存在意义等问题的理解，将有助于我们在研究"数字编织与建造"时加深对人与技术关系的理解。新西兰学者肖恩·库比特（Sean Cubitt）撰写的《数字美学》是"数字化审美"的理论研究样本，其数字美学理论是数字时代背景下以机器人或机械臂等数字介质作为载体的进行"编织"实践的理论指导，它关涉数字化时代下的审美活动、审美意识以及审美经验的讨论，是本书讨论"数字编织与建造"的理论依据。

日本民艺之父柳宗悦先生的著作《工艺之道》，从自然、匠人和器物三者之间的关系，探究社会学角度的民艺与生活，深刻影响了民艺传承发展的研究视角，其先行的经验对本书讨论作为"匠作技艺"和"匠作之业"的编织开启了有益的思路。日本作家盐野米松的《留住手艺》，通过采访手艺人，讲述最后一批传统手工艺者的人生故事，借此回望质朴专注的手艺精神，对本书从社会学和文化学的角度理解"编织"打开了一扇温情之门。中国美术学院副院长杭间教授在他的《手艺的思想》一书中，从对童年记忆和"故乡的师傅"的追怀，到思考手艺中国在当代语境中的发展和生存，探究"手艺"传达"思想"的可能性；从现代人的视角重新梳理传统文化在中国人的生产和生活中的地位，为本书讨论"编织"提供了多维度的视角。清华大学美术学院教授李砚祖先生的《造物之美：产品设计的艺术与文化》一书从"造物"的角度讨论产品设计的艺术性及其文化内涵，涉及诸多对手工艺的传统、文化观念与变革的思考。清华大学徐卫国教授的《数字建筑设计理论与方法》系统地阐述了数字建筑设计的理论和方法，为"数字织造"的设计实践与研究提供方法与理论基础。同济大学袁烽教授与德国斯图加特大学阿希姆·门格斯（Achim Menges）教授编著的《建筑机器人——技术、工艺与方法》以其近十年来进行的数字建造研究、教学与实践为基础，对数字建造进行了系统性的梳理，为本书研究"数字编织与建造"提供了解和应用机器人的重要参照。前人的学术思想、研究框架和研究方法为本书研究提供了有益的参考和资料佐证。"他山之石，可以攻玉。"以

上的这些著作是本书理论建构的基础，他们的纯理性思维模式是对
编织与建筑形态研究不可或缺的理论依据，这些理论著作对本书中
所涉及的相关研究和讨论提供了一些有益的支撑。

对于编织与建筑的研究有不少论述，但大多都是从工艺的视角
来看"编织"，很少有将编织放在建筑的视域或跨学科的体系和角
度下去研究。总结来说，涉及编织与建筑的研究书籍和论文及实践
案例有，系统性的理论梳理较少，基本都是站在工艺的视角看"编织"，
相关的研究没有系统性地从编织本身与建筑的关联出发，脉络梳理
也不够清晰，编织与建筑形态的实证分析也不够系统完整，都是基
于编织工艺或建筑本身的单一视角来研究讨论，很少有将编织放在
建筑领域的形态体系或角度下去综合考虑。

本书希冀建立一个跨界的理论平台，从建筑的视角挖掘建筑编
织形态中线性建构的源流追溯、发展演变、建构语言、数字建造以
及在跨学科领域中的潜力。以森佩尔的四要素理论为基础，试图通
过研究建筑中复杂多元的编织形态，来突破传统的、固有的手工艺
层面的编织语汇。将"编织"从原先惯常的二维平面维度探讨，上
升到与空间形态、材料构造和结构逻辑等要素关联的三维形态。"编
织"在这里已不再被简单地视为平面的、分割空间的装饰物，而是
被理解为带有构造和丰富层次的一种空间形态。"编织"可以带给
建筑新语汇、新美学及新意味，建筑形态的编织可以丰富我们的创
作手段。

本书整体的撰写思路以编织与建筑为脉络，分五个章节来展开：
第一章"编织：一种物的形态"，编织作为手工艺，首先是以一种
物的形态而存在。从造物的角度解读手工艺层面的"编织"；梳理
编织发展的形态脉络，从最初的结绳，到后来的辫系，再到更复杂
的面和体的编织。第二章"从物到空间的编织"，从森佩尔的建筑
四要素理论谈"编织"与建筑的关系，从围合物到墙体，研究编织
与原初的建造，同时讨论两者的渊源关系。第三章"作为建筑形态
的编织"，从形态学的角度，围绕编织与建筑形态这一主题，结合
实际的案例研究编织在建筑领域中所呈现的不同空间形态，以及编

织作为一种空间诗学的意涵。第四章"多向度的编织实验"，以跨界的编织形态实验为切入点，从材料、仿生、科技等多角度的突围，来探讨"编织"作为空间形态构筑物的可能性。第五章"数字编织与建造"，以数字时代建筑领域将编织与数字技术结合进行的形态创新实验，来探讨参数化设计和数字生成的"编织"，研究"数字建筑"中编织的未来方向。结语部分是对编织与建筑的未来做一种进化方式的思考与想象。

本书从建筑的角度研究空间形态的编织之路，着眼于编织的广义运用，构建一个以跨界衍生为主线的综合试验场，以线性媒材为元素，以编织为手法，结合数字技术和新材料，不断地实验创造以生成新的流变，摆脱既定的狭隘的专业束缚，从根本上突破边界，以开放的视野融合创新，在编织的研究上创造更多的无限可能。通过梳理建筑领域中编织手法的运用和实践实验案例的分析，我们可以寻求编织在手工艺领域之外的一种生机。这种生机是来自跨领域的应用与实验，视域的转向和跨学科的多元性为编织的衍生提供了契机，这些不同领域的融合都指向编织作为传统手工艺那种隐藏在其内部，从未消失但却被忽视的价值——具有根性的文化价值。手工艺与工业文明的共同特征是一种生产方式，其最终的意义还是指向人的创造。

本书从宏观的视角，纵向以"编织"与建筑发展流变的时间轴为"经线"，横向以建筑领域的"编织"形态范畴为"纬线"，将"编织"在人类学、社会学、民俗学、美学、文化学、建筑学等诸领域的覆盖性作为关联考量，从跨界的形态实践、实验和数字科技接入中来探讨时代背景下"编织"的发展可能。理论论述从相关的理论著作中引出本书的思考切入点和研究角度，探讨当代语境下"编织"在建筑领域衍生拓展的意义和价值。编织的现在和未来不是对过去历史的延续和复制，不能把编织作为手工艺的惯性理解输入到对其未来的建构中，并认定它缺乏时代价值和发展潜力。后现代主义的多元语境和传统文脉的重新链接，指向编织作为传统手工艺的文化积淀可以与时代发展的科技策略相融合，以思维观念的转变引领编织的时代创新。

　　编织是一个纵横交织的系统。对编织的研究可以从不同维度、不同视角接入，其关联着众多的学科领域，鉴于"编织"语言在建筑形态中表现出来的多样性，本书从编织的语义对建筑形态学视域中的"编织"进行研究和解读，并以广泛的思考和多层面的理论来进行论述。同时，以艺术形态学的研究方法，将"编织"与"建筑"作为相邻的两个艺术门类相融合，不可避免又合乎规律地产生化学反应，依据这种化学反应在建筑形态上以实践和实验的两个层面展开讨论研究，两者互为现象，互为手段。借用德国哲学家艾德蒙·胡塞尔（Edmund Husserl）所言"面向事实本身"——以一种综合的理论分析和实验探索，从不同维度、不同视角对研究对象、研究领域进行实证的剖析解读。另外，人类学、哲学、社会学、民俗学、工艺学等一些系统学科的相关探讨在本书的理论研究中也有所体现，跨学科的综合研究使得"编织"在艺术形态学和建筑形态学研究上形成多层次、多角度的视域交叉，以便能更清晰地去解读这个交织的复杂系统。

第一章　编织：一种物的形态

　　"编织"是人们非常熟悉的概念，《现代汉语词典》把"编"定义为通过互相交错或勾连把细长的东西组织起来。维基百科认为，"编织"是指由线性或条状材料经过重复交叠过程组成的网状结构。一般来说，主要是指利用相对韧性的材料互相交错勾连形成具有一定强度的网状物，如编席、编篮、编筐等。"编织"就是通过"编"和"织"这两种技艺方式，将线性的原材料组织成具有一定逻辑秩序的面片。"编织"最初用作动词，主要强调一种过程性。"编织"在英文中常以 weave 或 weaving 相称，表示用手或机器编或织。19 世纪德国的建筑理论家森佩尔，在他的著作《建筑艺术四要素》中，就是以 weave 和 weaving 来指"编织"的。

　　编织作为手工艺，是以一种物的形态而存在的。编织的基本元素是线，线以某种富有逻辑的方式编织以改变其物理特性和空间状态。编织通过巧妙的组织逻辑，利用线性材料创造了相对灵活、富有肌理变化的面片，并作为一种技艺或手法而流传至今。编织具有两种本质性的目的：围护和容纳，前者更多地强调遮掩与围合，后者则更多地强调承载与受力。从本质上讲，编织是一种贯穿了人类社会发展史的手工艺，是人类智慧的结晶。编织是传统农耕文化背景下人们社会生活的重要组成部分，它承载着人们赖以生存的经济和文化需求，几千年来一直保持稳定和持恒的流传维系。编织从产生之初就有人类匠作的痕迹，既是一种有形的绵延流传的物质实体，同时又包含无形的文化记忆和民间特色，是实用与审美相结合的工艺形式。

一、造物的编织

　　"造物"的字面意思就是创造物质。大自然创造了原始的自然
材料，但这些材料不能直接满足人类生存的需要：它创造了石块却
无法用于居住，创造了泥土却无法用作器皿。古人懂得如何利用自
然之物，用自己的双手进行二次造物，以满足生存和生活的需要。
李砚祖先生在其著作《造物之美——产品设计的艺术与文化》一书中，
明确提出了"造物"的概念。他认为"造物，即指人工性的物态化
的劳动产品。是使用一定的材料，为一定的使用目的而制成的物体
和物品，它是人类为生存和生活需要而进行的物质生产。造物活动
是指人类造物的劳动过程、方式及其意义。"[1]他给"造物"下了定义，
并确立了"造物"的一般概念。确切地说，人类的造物就是"制造器物"，
也就是利用自然之物，即通常所说的原材料，通过工艺技术的再加
工，制作出可用的器物。编织作为造物方式的一种，伴随着人类社
会的发展而发展，它的产生出现首先是为了满足日常生活的需要，
由手艺人编织加工成器物，表现为造物者与使用者之间的供需关系，
也反映出人与物之间的多重联系。造物既是一种生存状态，也是一
种文化现象；既表现出物化的一面，又表现出生活的内涵，具有朴
素的人文意味。

　　编织作为一门古老的手工技艺，由造物的目的始发。从人类制
造并使用工具开始，编织便逐步发展起来了。《周易·系辞（下）》
云："上古结绳而治"[2]，上古之人结绳以记事，传说中的伏羲氏"作
结绳而为罔罟，以佃以渔，盖取诸离。"[3]"罔罟"就是一种以植物
韧皮编织成的渔猎网具，伏羲氏用"罔"捕鱼，用"罟"捕猎。这
说明伏羲氏时代人们已经发明了渔网，结网捕鱼打猎，已经学会用
树皮编织蓑衣和化茧抽丝织布。新石器时代晚期，编织、缝缀技术

1　　李砚祖：《造物之美——产品设计的艺术与文化》，北京：中国人民大学出版社，2010 年，第 12 页。
2　　出自《周易·系辞（下）》：总第 1172 节，总第 1952 句。原文："上古结绳而治，后世圣人易之以书契，百官以治，万民以察，盖取诸夬。"
3　　出自《周易·系辞（下）》：总第 1172 节，总第 1937 句。

图 1-1 河姆渡苇编残片，纵 21.5 厘米，横 17.5 厘米，1977 年河姆渡遗址出土

日趋成熟并用于制作服饰。《淮南子·氾论训》称"伯余[4]之初作衣也，緂麻索缕，手经指挂，其成犹网罗。"[5] 半坡文化与河姆渡文化时期，已经发现粗麻葛布制作的衣物。目前所知最早的编织实物是河姆渡遗址出土的距今 7000 多年的芦苇残片（图 1-1）。可以说，编织根植于民间，其最初的目的就是为了满足人类日常的生产生活需要。编织是以天然的草、藤、棕、柳、麻、竹等为材料，根据功能的不同编织成形状、大小不一的器物。从用途上来说，编织涉及的多为日常使用

4　伯余，中国古代传说最早造衣之人，旧时纺织业中机户所崇拜的行业神。约生活于距今 6900—6500 年前的半坡文化时期。
5　（西汉）刘安：《淮南子》，长沙：岳麓书社，2015 年，第 123 页。

的物品，如篮、筐、箩、盆、盘、盒、席等。直至唐宋以后随着人
们物质生活水平的提高，匠人们开始研究编织在其他方面的应用，
随即编织工艺在这一时期也进入了一个快速发展的时期。编织技艺
不断精湛完善，产品的种类不断丰富多样起来。

　　造物的编织是农耕时代自给自足的自然经济的产物。手工生产
是人类发展史上不可忽视的重要的生产方式，以手工生产为基础的传
统工艺（编织）承载着人类在漫长历史中累积的生活智慧和文化内涵。
法国哲学家卢梭（Jean-Jacques Rousseau）在他的著作《爱弥儿》
中说过这样一段话："在人类所有一切可以谋生的职业中，最能使
人接近自然状态的职业是手工劳动；最不受命运和他人影响的是手
工业者，手工业者所依靠的是他的手艺，他是自由的……它是最诚
实、最有益于人，因而也就是人类所能从事的最高尚的职业。"[6]编
织作为民间手工技艺，是与劳动人民生活需要和审美要求相适应的。
人编织物、物用于人，在人与物的联系中构成日常的生活方式，这
种日常生活方式又影响着人的生活行为，因此造物的编织与社会学、
民俗学、工艺学等方面息息相关，蕴含着丰富的社会属性、人文意涵。

　　编织作为一种造物行为，其目的是生产可供人们使用的器物，
也就是所谓的日常使用功能。路德维希－维特根斯坦（Ludwig
Josef Johann Wittgenstein）曾说过，"想象一种语言就意味着想象
一种生活方式"。[7]其实，真实的生活才是造物的源头。比如以前江
南地区的家家户户都会用竹子编织一些日常的生活用品。常见的竹
编制品如竹席、竹篮、竹筐、竹篓、竹箱、竹匾等，还有如晒粮食
的晒垫、淘米的米箩、挑河泥用的篙箕、装垃圾用的畚箕、捉鱼用
的鱼篓等，可以说涉及了生活的方方面面。江西婺源篁岭竹编手艺
人曹敬松师傅（图1-2）是当地竹编技艺非物质文化遗产项目的传
承人，从事竹编行业四十九年。曹敬松师傅平常寡言少语，事竹而
隐于世，曹师傅布满老茧和伤口的双手在竹丝间来回穿梭，一根根

6　（法）让－雅克·卢梭：《爱弥儿》，孟繁之译，上海：上海三联书店出版社，2017年，第23页。
7　（奥地利）路德维希－维特根斯坦：《哲学研究》，汉译世界学术名著丛书，北京：商务印书馆，1996年，第12页。

图 1-2 江西婺源篁岭竹编手艺人曹敬松师傅

　　的竹篾在他的巧手编织下蜕变成精美实用的竹编器物。毫不起眼的小店是曹师傅的一方造物天地，陈列着他亲手编织的竹编器物，有竹篮、竹饭罩、饭筲箕、竹簸箕、竹编筐、竹篓、竹筛等，种类多样。可见这些传统的竹编器物在当代的生活中，仍然具有使用价值。

　　编织是一种实用与审美相结合的手工技艺，讲究"材美"和"工巧"的合一，它源于生活，体现了先民的造物智慧、审美理想。春秋战国时期的手工艺专著《考工记》提出了"天有时，地有气，材有美，工有巧，合此四者，然后可以为良"[8]的造物观，是中国古代造物思想的重要体现。造物应该顺应天时、符合地气、材料上乘、工艺精

8　（清）孙诒让：《考工记》，北京：人民出版社，2020年，第13页。

湛，只有合此四个条件，才能制作出良器美物。"天时"和"地气"指的是自然的客观条件，而"材美"与"工巧"则强调人的主观因素。四者的结合是"天工"与"人作"的统一，表达了对自然、材质、技艺的尊重，也是传统造物的精髓所在，充分体现了古人"天人合一"的造物思想。从人类学角度来讲，自然要素是人类一切活动的最初出发点。天然的草、棕、藤、竹等编织材料均来源于自然的馈赠，体现了作为人类活动的"编织"源于自然、顺从自然的哲学思想。编织是人类在自然环境的生存实践中，逐渐摸索学习形成的某种技艺，可类比其他动物如织巢鸟编织筑巢的本能，是人类为了生存而发展出来的一种改造自然的方式，是利用自然资源适应生存环境的需要。

在某种程度上，编织可以说是材料的艺术。《考工记》序曾言："审曲面势，以饬五材，以辨民器，谓之百工。"[9]意谓工匠制作器物时，先要审察原始材料的曲直、势态，然后根据其实际情况，因材施艺。对于材料的合理选择，是编织能否完美演绎的先决条件；对于材料特性的把握，是手工编织艺人的经验与手的结合。编织匠人靠着大自然的资材为生，他们更加懂得自然馈赠和尊重物性的重要。所谓编织，即凭借自然条件，以因地制宜、就地取材为原则，攫取天然的草、藤、竹等材料，手工劳作编织成器物（图1-3），以增加家庭日常收入。民谚云："编席窝篓，养家糊口。"编织作为一种"匠作之业"，在各地十分普遍，许多地方家家为之。编织之中，因着材料的不同又分草编、藤编、麻编、柳编、竹编等。草编是用天然的秫秸、芦苇、稻草、蒲草、茅草茎等为原料，编成席、盖、垫、房笆、草袋等用品。因其造价低廉，用途广泛，编制简便，深受乡农青睐。其中，秫秸编席十分普遍，其方法简单易行，用途广泛。而竹编工匠大多来自竹子产区，他们把山上的毛竹剖劈成篾

9 （清）孙诒让：《考工记》，北京：人民出版社，2020年，第5页。

图 1-3　种类繁多的竹编器物

片或篾丝，编织成各种用具和工艺品，如用竹子劈成细竹条用来编竹筐。编织匠人们合着天然材料的习性，或用茎，或用杆，因材施用，以手编织成物。在日本民艺家盐野米松看来，这种匠作生活遵循四季的更替变化，充满着匠人们生活的智慧和经验。借由雨露生长的自然万物，手艺人与自然原料之间并非是简单的利用与被利用关系，而是一种相互成就的关系。

　　造物以工巧为胜，多以技艺为关注主体。古代对于造物有着极为相同的认识，即以"巧工之事"为造物理念。编织需要"心灵手巧"，因为编织是靠手来记忆操作的，这表明手的劳作与编织技艺息息相关。手作为人身体的一部分，不仅向材料"传递"人所思所想，还"传递"着精到准确的作用力。手艺的精髓在于"动"手，心手合一，物与俱之。手艺人用心、用手造物，使用材料来编织，物在手中慢慢成形造化。人与物之间的交流，靠手之间的编、结、挑、压、捏、掐互动，构成了编织成物的过程。在这个编织过程中，"手"是连接人与物的汇合点和操作点。"手"的穿插、操控、编结等动作是体现意念形象的工具，"手"与"器"的生成关系也实现了"心"与"物"的达成关系。从这个意义上说，"手作"对于编织是一种最生动、最有温度的劳作，是谓"手艺之美"。由此可见，手的编织劳作不仅仅是为了满足造物需要，而且与人的生活情感密切相关，这也许是任何机器和高科技都无法替代的。诚如盐野米松在其著作《留住手艺》中所说"手艺人制作的东西本来就是有温度有感情的。它会在你的生活中起到治愈的作用，能滋润我们的生活。"

　　"手"作为造物的工具，也是编织的灵魂。"手艺"的最大特点首先来自于"手"，手是编织的操作能动所在。正如恩格斯(Friedrich Engels)在他的著作《自然辩证法》中所说："手不仅是劳动的器官，它还是劳动的产物。"[10] 编织是一种手的娴熟技艺的表达，"耳目所习，得之心而应之于手也"，[11] 它是编织艺人心手合一的呈现，也承载着手艺人的巧思与理想。《庄子·天道》中有云："不徐不疾，得之于手而应于心，口不能言，有数存焉于其间。"[12] 是谓动作不慢不快，胸有成竹，应于心而得之于手，手工技巧的奥妙存于手间。心有所想而手能为之，心手合一。而"心目手俱得之"的境界，更将心、眼、手融为一体，心之所欲、眼之所识通过手上功夫见出，这才算心到手到、编织有道。以手工技能或其他技艺为业的人，通常被称为"手艺人"。"荒年饿不死手艺人"，靠一双手养家，这是千年农耕社会留下来的古训。他们灵巧的手指穿越材料之间，手的力量在造物过程中一下一下之间完美呈现；手的背后，则是一个个平凡的民间

10　（德）恩格斯，《自然辩证法》，马克思、恩格斯、列宁、斯大林著作编译局译，北京：人民出版社，2015 年，第 31 页。

11　出自北宋郭若虚《图画见闻志》，原文："黄家富贵，徐熙野逸。不唯各言其志，盖亦耳目所习，得之于心而应之于手也。"郭若虚，并州太原（今山西太原）人，北宋著名的书画鉴赏家和画史评论家。

12　出自战国庄周《庄子·天道》中，原文：桓公读书于堂上，轮扁斫于堂下，椎凿而上，问桓公曰："敢问公之所读者，何言邪？"公曰："圣人之言也。"曰："圣人在乎？"公曰："已死矣。"曰："然则君之所读者，古人之糟魄已夫！"桓公曰："寡人读书，轮人安得议乎？有说则可，无说则死！"轮扁曰："臣也以臣之事观之，斫轮徐则甘而不固，疾则苦而不入，不徐不疾，得之于手而应于心，口不能言，有数存焉于其间。臣不能以喻臣之子，臣之子亦不能受之于臣，是以行年七十而老斫轮。古之人与其不可传也死矣，然而君之所读者，古人之糟魄已夫！"

图 1-4 竹编手艺人的双手

艺人在演绎他们的手艺故事。这双手，或许长满老茧，或许弯曲不直，却承载着厚重的生活和造物的历史（图1-4）。

编织作为造物而产生，充分反映出"格物致用"的目的，是各种因素凝结成的民俗、生活、艺术的物化的综合体。编织的产生一方面反映了人类生存生活的需要，另一方面是寻求自然、社会和人的内在融合，这成为人们造物的目的。编织与人的日常生活密切相联，互相融合又互相促进。编织具有生活原发性的特点，即生活方式的不断变化决定了编织造物的发展变化，反映出编织与时代的生产、生活息息相关。同时，以前农耕社会的生活方式也决定了编织"口传心授"的传承模式，表现出有形的物质文化和无形的民俗文化相结合的双重特征，构成了编织的多重特征，如原生性、民俗性、地域性以及生活性等，并长期积淀形成了丰富的社会文化。作为造物的"编织"是一个

流变的、发展的历史，其兴衰浓缩了乡土社会的时代变迁，映射了手
工劳作模式在时代中的命运浮沉。德国学者赫尔曼·鲍辛格（Hermann
Bausinger）的《技术世界中的民间文化》一书中曾指出"当人类环
境发生变化时，传统会有形态的变迁，但却不会消失"。[13] 这一观点
对"编织"在今天的发展具有重要的指导意义。伴随着科技的发展和
造物方式的改变，机器大生产逐渐取代了传统手工艺生产，传统农
耕社会下依赖手工造物方式为生的局面也面临着时代的困境，呈现
出命运的多舛和处境的尴尬，像编织这样的手工艺亟需一种新的模
式和创新手段，有着再利用、再开发的双重诉求。

二、打结 · 编辫 · 经纬

从编织的发展历史来看，基本遵循着由简单到复杂的过程，即
由最初的结绳，到后来的辫系，再到更复杂的面和体的编织。森佩
尔曾说："打结可能是最古老的技术符号。"[14] 绳结是以绳为基础，
将绳打成结的技巧。"打结是将绳之两端系在一起的方法。它的强
度主要取决于摩擦的阻力。"[15] 结绳系扣是生活中的基本技能。在社
会生产中，无论是网眼的补织、断绳的对接，还是系绳或系缆，都
要用到绳结。打结（图 1-5）产生于生产、生活中的需求，以适用
加牢固求简便为原则，产生了繁多的打结花样，比如接绳结、双套结、
八字结、上吊结等。最初的结绳因为单股的强度往往不够，所以用
枝条、草茎和藤蔓经过加工合股搓成绳索。如河姆渡的文化遗存中，
就发现了用两股或三股纤维搓成的绳子，粗细不一，再由线绳交错
编织出平面。

打结赋予了绳结丰富的意义，后来逐渐演化成一种编织的方法。
森佩尔认为："结是一个极为聪明而古老的应用，导致了网的发

13　（德）赫尔曼·鲍辛格：《技术世界中的民间文化》，户晓辉译，南宁：广西师范大学出版社，2014 年，第 4 页。
14　（德）戈特弗里德·森佩尔：《建筑四要素》，罗德胤、赵雯雯、包志禹译，北京：中国建筑工业出版社，2010 年，第 194 页。
15　同上。

图 1-5 绳子打结

明。即使是最原始的部落，也知道如何在捕鱼和打猎中制作和使用网。"[16] "网"的定义就是用绳线等结成的捕鱼或捉鸟兽的器具。"古人织网来抓野猪。它是出色的工具，以至于一个人就可以将它背上，去围堵一整片森林。"又比如"渔网"是渔业生产不可或缺的捕捞工具。曾用于渔业的主要有撩网、棍网、推网、拱兜网、地网、插网等。内河渔民则大多使用小型渔网捕鱼，沿海渔民最早是用简单的网具在海边捕捞，明代出现了撩网、棍网等浅海捕捞网具，清代后才出现远海的捕捞网具。所以，结网是古人很早就发明的一项技能，而且绳网被用于捕鱼打猎等各种生产生活中。

另外一种与打结相似的"编辫"也非常古老，但两者无法考证先后。"编辫"是将三股线或三股辫，互相交替错叠编织的手法（图

16　（德）戈特弗里德·森佩尔：《建筑四要素》，罗德胤、赵雯雯、包志禹译，北京：中国建筑工业出版社，2010 年，第 195 页。

图 1-6 编辫

1-6）。森佩尔的定义是："对于编辫而言，至少需要三根绳，它们
交替地编织在一起。"[17] "编辫"是由来已久的女孩子扎头发的一种
手法，扎头发的编辫有麻花辫、鱼骨辫等。作为原初的一种编织手法，
编辫可以有效地增加单根线绳的强度。"编辫"与经纬编织的最大
区别在于经纬编织的线必须是正交的，编辫的几股线则不一定正交，
而是可以以任何角度来编织，所以森佩尔认为"编辫"的这个优势应
该发扬光大。编辫也是草编中最常见的技法，它没有经线和纬线之分。
将麦秸、玉米壳等植物纤维材料用双手边搓边编，捻成3—7股的草辫，
通常可作为草篮、草帽和草席的半成品原料。"编辫"手法后来逐
渐演化应用于透空织物的花边工艺如凸纹花边、线轴花边等。

　　相较于打结和编辫，经纬编织（图1-7）则是编织中最基本的

17　（德）戈特弗里德·森佩尔：《建筑四要素》，罗德胤、赵雯雯、包志禹译，北京：中国建筑工业出版社，2010年， 第196页。

图 1-7 经纬编织

一种编织手法。"经纬编织法"就是将经线固定，以纬线在经线上
通过不同的挑压交错方式，产生不同的结构与纹理。经线和纬线在
垂直和水平方向上相互穿插，一组经线和一组纬线通过纵横交错、
挑压、缠绕、编辫等方式结合在一起。经纬编织一般分为平纹、花纹、
斜纹、缎纹、连珠纹、品字纹、人字纹、井字纹等。其中平纹编织
是草编、柳编、藤编和竹编最常用的技法，在经纬编织的基础上，
根据一定的规律，连续地互相挑上（纬在经上）、压下（纬在经下），
可以编织出各种图案。花纹编织是在平纹编织的基础上再加以变化，
发展出链子扣、十字扣、梅花扣等花纹图案。

　　编织工艺的种类繁多，材料不同，编织的手法和形态也各异。
例如，勒编是柳编的一种传统工艺（图1-8），也称"扎编"。它
以柳条为经，以麻线为纬。编织时用麻线将柳条勒紧，因此编织的
结构紧密，质地牢固。而竹编的编法就更多更复杂，大致可分为篾
丝编织、篾片编织、片丝交叉编织、竹片拼接镶嵌等，其中最常用

图 1-8 勒编

的片丝基础编织方法是挑压编织法，挑压编织法就是经纬编织的变
体。根据需要，通过规律性的"挑一压二""挑二压二"和"挑三压三"，
对经纬篾片进行挑压编织。严格地说，众多的编织方法如"十"字编、
"人"字编、绞丝编、辫口编、穿丝编、花箍编和插筋编等，都是
从挑压编织法演变而来的。在挑压编织的基础上，或垂直交织挑压，
或多角交织挑压，或翻转交织弹插，杂以捻丝、拉花、插筋、绞丝，
插筋套箍，相互交织穿插，可以形成各式各样、千变万化的编织图案，
如简洁的"十字""人字"纹图案，规则的螺旋、辫股和花箍图案，
繁复美观的梅花眼、六角眼、菊花眼、龟背纹等图案。不同的编织
技法可以形成不同的编织纹样和图案，体现了编织造物的均衡、对比、
连续、繁复的形式美。竹编的多变工艺和造型也创造了竹编的独特
魅力。不同的技法表达出来的纹样也非常不同，或密或疏，或重叠
或交织，每一种编织手法都展现不同的表现形态。

　　打结、编辫和经纬编织往往交相运用于人类的生产生活中，据

考古发现，浙江省余姚河姆渡文化遗址中就出土了上百件芦苇编结残片，有的编结残片的留存面积将近半平方米左右。浙江省吴兴钱山漾遗址出土了 200 多件竹蒌和草麻编制品，除了平面的竹席状编织物外，还有很多具有实用功能的如用于捕鱼用的"倒梢"[18]，用于农业生产和日常生活的篮子和簸箕等编织物。编织方法有人字纹、梅花眼、菱形花格纹、十字纹等，与今天所见的编织样式十分相似。除竹编之外，还有草编和丝麻织物（麻布残片、细麻绳、绢片、丝带等），这表明新石器时代太湖流域的日常生活中，编织技术已然相当成熟。[19]

许多出土的早期陶器上都有绳纹和编织物的印痕。在研究大汶口文化时，考古学家刘敦愿先生推测认为许多陶豆、器座和高柄杯上装饰的圆形和菱形的镂孔，应该是模仿六边形的竹编图案。[20] 在成都平原挖掘的先秦文化的陶器中，绳纹是最常见、数量最多的纹饰，在纹饰中占据绝对的主导地位。[21] 在陕西西安半坡遗址中，出土的陶器标本印迹还有各种编织方法，如斜纹、辫纹、缠纹、绞缠和方格等。而在临渔姜寨仰韶文化遗址出土的陶钵底部清晰地留有席纹印痕，是一种编织状的交叉人字形图案。这些遍及南北的考古实物上的印记，印证了古代生活里种类繁多的编织用品的使用，说明编织技艺很早已经产生并一直发展延续。

编织形态源于手法技艺，技艺是"编织"作为造物的核心。编织作为一种"匠作之业"，是数千年来延续不断的造物文脉，存留于乡土百姓的日常生活之间，承载了人们的生存技能、造物智慧和审美情感。如果超越编织作为一种手工艺的范畴，我们可以抽象出编织的一种共性——"经纬"之道，一种内在的组织逻辑。可以说，编织遵循着由线成面的维度转化，其结构逻辑和生成机制互相

18 倒梢，古代捕鱼用的竹编器物，整器为圆锥形，口端有向里伸的细竹条，因此鱼一旦游进"倒梢"就出不来了，这是利用狩猎陷阱的捕鱼方法。
19 浙江省文物管理委员会：《吴兴钱山漾遗址第一、二次发掘报告》，《考古学报》，1960 年第 3 期，第 85 页。
20 刘敦愿：《美术考古与古代文明》，北京：人民美术出版社，2007 年，第 66 页。
21 杨占风：《从绳纹演变看成都平原先秦文化变迁》，《四川文物》，2014 年第 4 期，第 38-46 页。

贯穿。在几千年的社会发展历程中，古人从对自然之物的利用入手，学会了通过手工劳作编织成物。"经"是线性材料之禀性，"纬"为手艺人的"手"之感性，经纬间是历史与传统积蓄下的技术，亦是生活的艺术。在当代语境中，对传统编织的再认识，不仅是一个以时间概念定义的手工艺，更重要的是"编织"这种已有的样式和形态，基于文化学、社会学的延续与发展的思考。千百年来，"编织"这种以人为本的手工劳作方式较之于机器大生产，不仅是个人技艺的发挥和聪明才智的体现，也是一种自我价值的表达和乡土文化的维系。

第二章　从物到空间的编织

一、编织 · 围合 · 墙体

　　编织物，其自身生产的过程便形成了空间，并形成了居住概念本身。建筑与编织同步，建筑起源于用编织物定义出社会性空间的过程。

　　　　　　　　　　　　　　　　　——戈特弗里德·森佩尔

　　编织作为一种"匠作技艺"，以造物为目的，以一种物的形态流存于世。但这其实不是编织的全部，实际上，编织在另一领域——编织与建筑的关联也由来已久。在已有的文献中，关于编织与建筑的理论论述并不多，19世纪的德国建筑师和建筑理论家森佩尔是最早从理论上提出编织与建筑的密切关系并影响现代建筑发展的人，森佩尔认为编织是所有造物方式中最原始的一种方式，也是人类最古老的技艺之一，无论是人身上的衣物、家里的箩筐还是苇草竹子编织搭建而成的建筑，都与编织有关。"我们可能会承认，用木棍和枝条绑在一起的围栏和编织而成的栅栏，是人类发明的最早的竖向空间围合。"[1]编织与建筑的关联有着很久远的历史，但无论何种关联，都离不开"编织"本身作为"围合物"到墙体的演化。

　　19 世纪 40 年代，德国对于人类学的研究已有了较多的成果，得益于对远古人类居所、风俗以及艺术等方面的研究，森佩尔从人类学的角度提出，建筑与装饰并非"抽象观念的直接产物"，而是源于对以材料、技术和功能为基础的内在动力。1851 年森佩尔在其出版的《建筑四要素》（图 2-1）专著中，从"动机"的角度出发，

图 2-1　《建筑四要素》

1　（德）戈特弗里德·森佩尔：《建筑四要素》，罗德胤、赵雯雯、包志禹译，北京：中国建筑工业出版社，2010 年，第 225 页。

指出了"编织"的内涵从功能到精神转变的可能性。森佩尔将人类学的观点注入他的建筑理论中，指出建筑的形式语言来源于人类的手工艺活动，揭示了"编织"在人类建造活动中的基础性地位。同时，他强调材料与制作是其理论思想之所在，编织的思维、方式和形态间接地影响着今天的建造活动，并相应地发生演变。森佩尔提到的"动机"实际上是指人类活动中一些与功能和精神相关的某些"基本需求"。经过大量的研究和分析后，森佩尔认为所有形式最终都源于人类的四种基本动机，并将"动机"归纳为四个要素：围合(enclosing)、遮蔽(roofing)、汇聚(gathering)、抬升(mounding)，这四个要素与建筑中相应的四个形式要素密切相关，并进一步对应四种制作工艺。即：

> 编织 围合 墙体（membrane weaving/enclosing/wall）
> 木工 遮蔽 屋顶（tectonics/roofing roof/framework carpentry）
> 陶艺 汇聚 壁炉（ceramics/gathering/fireplace）
> 砌筑 抬升 平台（masonry/mounding terrace/earthwork stereotomy）

具体来说，就是围合对应墙体，遮蔽对应屋顶、汇聚对应壁炉、抬升对应平台，四个要素对应了四种材料的加工方式。其中，具有编织意味和围合功能的墙体是最基本的建筑要素，而编织对于墙体的形成具有重要的意义。1851年伦敦万国博览会上展出的印第安棚屋（帐篷）[2]（图2-2）中呈现的四要素组合——墩子、火炉、屋顶和席子覆盖的墙体，为森佩尔的四要素理论提供了很好的佐证。他用原始棚屋作为实证，棚屋里有四个最基本的、不可删减的组成要素：火炉、平台、屋顶和围墙，这四个要素对应于四种材料的加工方法。森佩尔认为，"编织物，其自身生产的过程便形成了空间，并形成了居住概念本身。"[3]从最初的挂毯、帐篷到树枝编织的栅栏、

---

2 印第安棚屋即印第安人居住的帐篷，在英文里称为 Indian Tipi 或 Indian Teepee，这种帐篷主要使用长木杆作为搭建的框架，通常为13根以上，长度一般在15-18英尺（4.5-5.5米）之间。长木杆在帐篷顶部汇聚，并被捆绑在一起，然后以扭绞的方式展开，形成一个倒置的圆锥形。在木杆框架上包裹一层水牛皮或布匹拼接缝制而成的篷布，下边缘通过销栓固定在地面上。帐篷内部会用石块砌起炉膛生起一堆火，用于做饭和取暖，帐篷顶部有一个小孔，可以把烟雾散发出去。这种帐篷的拆除和安装都很方便，便于迁徙时搬运携带。

3 （德）戈特弗里德·森佩尔：《建筑四要素》，罗德胤、赵雯雯、包志禹译，北京：中国建筑工业出版社，2010年，第93页。

图 2-2　　印第安人棚屋

篱笆围合的空间，森佩尔从逻辑上认为，编织与建筑同步。这一理
论进一步发展成为森佩尔的"建筑四要素"。编织作为空间围合物
是建筑墙体的最初体现，"众所周知，即使是在今天，一些原始部
落所表现出的艺术本能的萌芽也是编织的席子和某些覆盖物（甚至
他们自身还是完全裸体的）。最原始的部落也熟悉那些篱笆栅栏——
一种用树枝制成的天然编织物，同时也是最原始的围栏或空间围合
物。"[4] 森佩尔认为，在原始时期，建造的目的就是通过适当的人工
手段将韧性的纤维材料编织成一种可以围合的面，并覆盖在人活动
的区域。森佩尔从人类学的角度提出，建筑与装饰不是"抽象观念
的直接产物"，而是基于材料、技术和功能的一种内在的驱动力。

4　　（德）戈特弗里德·森佩尔：《建筑四要素》，罗德胤、赵雯雯、包志禹译，北京：中国建筑工业出版社，2010 年，第 93 页。

森佩尔认为，围合墙体的实际建造源自人类寻找遮盖物（避难所）的努力。为了在未知的环境中生存并维护自身的安全，任何生命体都具有明确的领域所倡导的概念：从私密与专属到开放与共享。目的只有一个：定义自身的安全系数水平，以评估外部不确定性因素带来的风险。森佩尔认为"动机"和形式是相互对应的。由于森佩尔对手工艺生产的关注，这个过程最终被定义为"手工技艺"，并最终形成了"动机（围合）""形式（编织）"和"过程（手工技艺）"三者渐次递推的逻辑关系。

在实现空间围合的过程中，森佩尔专注于"挂毯"和"席子"等人工编织物的研究。对此，他投入了大量的精力进行反复研究。最终，他认为，纺织物和最原始的空间围合物，如围栏或篱笆栅栏，属于同一种技艺——"编织"发展的结果。方法是用茅草和柳条树枝编织成栅栏，或用植物纤维和动物纤维编织成挂毯和覆盖物。同时，编织物也是最原始的空间围合物，本质上属于轻质可拆卸的围合。后来，由于使用的需要和编织物自身强度的问题难以解决，人们在编织物的背后支起了木栅栏，以形成一个支撑挂毯的骨架。这种编织方法主要是利用韧性材料编织的拉力和栅栏的支撑力来形成所谓的墙体。森佩尔对以编织为基础到墙体的发展做了论述。"在掌握枝编工艺后，人们自然而然学会了如何用树的内皮编织席子和毯子，继而掌握了植物纤维等其他材料的编织方法。最古老的装饰或起源于编织和结绳工艺，或起源于制陶工人的手指在软陶上形成的印记。使用枝编物来划分空间，使用席子和毯子来覆盖地板并保持室温，或将室内空间分隔成更多的小房间，枝编材料的应用比石材墙体的出现要更早一些，特别是在那些气候更适宜人类居住的地区。"[5]

正是从编织中，人类掌握了"黏连"和"覆盖"的原理，并从编织中学会了"因线成面"的技法。通过主动地营造纵横交替排列

---

5   （德）戈特弗里德·森佩尔：《建筑四要素》，罗德胤、赵雯雯、包志禹译，北京：中国建筑工业出版社，2010年，第94页。

来达到编织效果，并逐渐学会控制编织物的线条疏密。通过分析，

森佩尔断言："枝编物体现了墙体的本质。"[6] 他认为："最原始的

部落也熟悉那些篱笆栅栏——一种用树枝制成的天然编织物，同时

也是最原始的围栏或空间围合物"[7]，森佩尔这句话可以从非洲阿法

尔人的房舍得到直观的印证。号称"非洲之角"的非洲吉布提生活

着古老的浪游者——阿法尔人[8]。阿法尔（Afar）一词同英语中的"遥

远"之意，阿法尔人世代以农业、渔业为生，不同于非洲其他地区

图 2-3　　非洲吉布提阿法尔小屋

6　　同前。

7　　（德）戈特弗里德 · 森佩尔：《建筑四要素》，罗德胤、赵雯雯、包志禹译，北京：中国建筑工业出版社，2010 年，第 93 页。

8　　阿法尔人（Afar），阿姆哈拉语作阿达尔人（Adal），阿拉伯语称为达纳基尔人（Denakil）。非洲之角民族。语言属含闪语系库施特（Cushitic）
　　　语族。住在埃塞俄比亚东北部和吉布提（Djibouti）共和国，和伊萨人同为该地区的统治民族。阿法尔人以饲养牲畜为生，主要饲养有山羊、
　　　骆驼和牛。

人民的能歌善舞，阿法尔人保持着安静而独立的生存状态，似乎不为外界所影响。阿法尔人的住宅也充满浪游气息，他们的传统帐篷式住宅由细树枝构造出圆形框架，覆盖着由当地材料编织而成的毯子。即便在一些极端的栖息地，依旧能遮风挡雨（图2-3）。这是森佩尔理论中编织物竖向围合空间的体现。

森佩尔认为，建筑的本质在于其表面的覆层，而不是内部的支撑结构。森佩尔首先从编织物中获得了具有"面层"内涵的织造概念；之后，这种编织概念被含义更广泛的"面饰"所取代。最终，"面饰"发展成为一种具有装饰感意味的建筑语言。森佩尔在其面饰理论中指出，编织的形态赋予了面层装饰的意义，并构成了面饰的形态基础。其次，对编织而言，面饰可以随着时间的变迁发展成为一种大尺度的围合形式，并随着技术的发展呈现出多种的表现形式。因此，根据森佩尔的观点，永久性建筑中的幕墙与游牧帐篷的编织物在作为围合物的本质上是一致的，砖块砌体也属于一种编织肌理的建构形式。面饰理论为材料置换提供了基础，在材料置换的过程中，作为墙体的围合物经历了逐渐向"面饰"转化的过程，这为分析编织在建筑中的材料转换提供了人类学的视角。

森佩尔在《建筑四要素》一书中对围合物构建活动中的材料变换做出了一系列的分析，并阐述了编织由功能技术向形式象征的转变。从编织的角度来看，这种"面饰"绝不是单纯的装饰，而是一种超越物质本身意义的交流。森佩尔认为，建筑的要素和形式是基于实用需求的技术操作，而后随着技术的进步，建筑形式逐渐由物质性演变为象征性。在这一演变过程中，人们希望用一种表现性的形式来隐匿建筑的物质性，即尽管具体的建筑材料发生了变化，但早先材料的形式特征和象征意义仍在新材料中得以体现和延续。在这种富有想象力的递推逻辑关系中，最终，墙体等围合物可以从围合的功能层面解放出来，进而转化为"面饰"的精神层面。事实上，这意味着"编织"在某种程度上由动作过程转为某种静态现象的可能性。当然，不可否认的是，这当中的"编织"主要强调的还是"编织"的过程。

　　森佩尔最关心的是"编织 / 围合 / 墙体"这一要素。经过分析研究，森佩尔认为编织物有以下几个特点：第一，两股或多股相交的线交叉在一起，达到某种平衡状态；第二，不同的编织方法带来不同的肌理效果，这是一种重要的艺术表现形式；第三，建筑中的编织，目的是形成竖向围合或分割定义空间属性，由于所用材料的物理性能不同，出现了不同的编织方法。人类从轻质材料的编织围合转向较重但更牢固材料的搭接建构，其主要手段是利用物理性质中的力的交叉连接来消除整体的不稳定性，实现大尺度的空间围合。随着空间使用区域的不断扩大，编织材料的局限性无法满足大面积覆盖的要求，墙体要素在背面或内部表现出刚性的结构支撑。在森佩尔之后出版的《技术和建构艺术的风格或实用美学》一书中，认为"结"和"编织艺术"是一切艺术之原始形式。他认为在建筑的起源上织物特别重要，因为它构成了围合空间的限定要素。

　　随着社会的逐步发展，建筑因其实际功能的扩大需要，开始附加刚性的结构支撑，其目的是支撑建筑表皮，以围合与覆盖更大的空间，这形成建筑中结构的缘起。森佩尔认为，这种行为的目的不是表达结构自身的美学，而是将结构作为实现表皮覆盖的一种支撑结构而已，结构在这里是作为第二个要素存在的，这标志着森佩尔"表皮思想"的诞生。森佩尔认为，材料和制作构成了人类内在的愿望与外部客观世界的交集。虽然森佩尔重视材料和制作，但他并不是一个结构理性主义者。森佩尔更注重编织与围合的象征含义，而对于这种象征性的显现，往往需要用编织物来定义空间的范围属性。在其论著《技术和建构艺术的风格或实用美学》中，森佩尔认为"建筑与编织同步，建筑起源于用编织物定义出社会性空间的过程。"

二、编织与原初的建造

　　建筑的原始建构手段之所以起源于编织，是因为在建造原始茅屋时，线性材料的"绳"或"杆"通过经纬交叉由"绳结"连接在一起，最初的围护结构——篱笆、栅栏就由此而来。在墙体发展的过程中，实质性的编织形式逐渐从围合功能演变为装饰性的面层，但编织作为建筑最初形式的本质并未改变。然而，就拓展而言，由编织思维衍生出来的建筑形态并不局限于网状结构，而是可以泛指线性材料之间的搭接模式及其构成的一种逻辑性与秩序性。

（一）巢居中的编织

将"编织"的含义和范畴扩大之后，我们可以发现自然界中的"编织"是非常普遍的，编织可以说是自然与生俱来的一种组织形式。小至动物骨骼的微观构造，植物茎干的纤维组织结构，自然界中的蜘蛛织网、蚕吐丝结茧，甚至鸟类筑巢都可以归入编织的范畴中。筑巢是动物的一种本能，比如织巢鸟是一种会使用草杆和其他东西编织巢穴的鸟，它会用干草和树枝编织出精美异常的鸟巢。织巢鸟有一个坚固的圆锥形嘴，可以用来切割草杆叶片。它将草杆枝条在原先已插入的草杆间上下穿插，它的嘴犹如一把织布梭，牵引着细长的草杆枝条交叉往复，用草杆编织成一个倒挂的瓶状鸟巢，通过下面的凹口可以出入。因此人们称它们为鸟类中的"编织大师"。

古罗马建筑师维特鲁威乌斯（Marcus Vitruvius Pollio）[9] 在其著作《建筑十书》中提出了关于建筑起源的理论，指出建筑产生的最基本动机是人为了遮风避雨，原始房屋是基于对鸟巢、洞穴等自然构筑物的模仿[10]。其实，早期人类搭建在树上的庇护所，就是仿鸟巢而建，因此得名"巢居"（图2-4）。巢居是远古时代的住居形式，一种用植物枝干编织搭建在树叉之上的"居室"。巢居在材料利用和搭建的组织方式上表现出与鸟巢相似的有意识的原初编织现象，并由此开辟了编织形态的建筑原型。这也再次印证了森佩尔的理论"编织与建筑同步"。然而，过去上万年的时间流转已不可能留下真正的实物痕迹，考古学也无法获得其原始样貌。但研究表明，在

9　维特鲁威乌斯（Marcus Vitruvius Pollio），古罗马作家、建筑师和工程师，活跃于公元前一世纪。撰写有《建筑十书》，大约在公元前32年到公元前22年之间的奥古斯都时期。

10　（古罗马）维特鲁威乌斯，《建筑十书》，陈平译，北京：北京大学出版社，2017年。

图 2-4　巢居示意图

亚洲、非洲和南美的原始部落地区，还存在着巢居、树居的习俗。
这种现象从侧面印证了在人类的早期居住生活史中，巢居习俗是肯
定存在的。

　　中国境内的远古人类，如学者推测的那样，也曾存在过巢居习俗。
一般认为，巢居指底层架空，上层住人的一种原始居住形式。据推测，
巢居可能大多来自低洼、潮湿和多虫蛇出没的地区，其形制是以木
桩为基础，形成高于地面的基座，并以桩柱绑扎的方式立柱、架梁、
盖顶，房屋建在架空的木（竹）柱底架上。原始巢居主要分布于长
江流域沼泽地带，即今天的浙江、江苏、安徽、江西等地。因为这
一地区气候潮湿温暖，适合构架透风轻盈的巢居。原始巢居的发展
经历了不同阶段，经过漫长的时间过渡，而且相互之间有着一定的
承继关系。从像鸟一样在单棵树上累积枝杈筑成巢居，到利用多棵
临近的树木和更多的树枝搭建可以承载多人居住的巢居，而后，人

们通过在地面上埋设树桩的方式搭建巢居，便于更好地适应人们居住需求的改变。

编织在巢居建造中的作用可以从四川发掘的盘古王表碑的记载中略知一二，盘古王表碑记载旧石器时代早期，开创了巢居文明的有巢氏"编槿而庐，葺藋而扉，塓涂茨翳以蔽风雨，是为有房屋之始"[11]，此时有巢氏搭建的已经不是最原始的"巢"，而是"庐"了。因为，有巢氏建造的是有门（扉）和屋顶（茨翳）的房屋，其建造材料包括"槿"和"藋"。建造方式如下："编槿而庐"，意为用细长条状的枝条交叉编织而成。"槿"指落叶灌木或小乔木。"葺藋而扉"，意为用荻杆编织成门扉。"葺"的意思是用茅草覆盖房顶，"藋"指荻，形状像芦苇，茎可编苇席。"塓涂茨翳"，意为和泥巴涂抹墙壁，用茅草芦苇作为遮盖的屋顶。"塓涂"指涂抹墙壁，"茨"是指茅草芦苇类植物盖屋，"翳"意为遮盖遮掩。从字面上解读，具体建造方法就是用木栅栏围合建造房屋，用荻杆芦苇编织成门扉，最后和泥巴涂抹墙壁，用茅草芦苇作为房屋的屋顶。文献中关于有巢氏的描述符合新石器时代的房屋形制。有关木条编织成栅栏后涂抹泥巴的做法也与考古中发现的"木骨泥墙"相符。新石器时代遗址中较典型的如余姚河姆渡遗址，在两次挖掘范围内发现了大量的干栏式建筑遗迹，尤其是在第四文化层的底部，分布面积大，数量较多，远远望去，密集而壮观。根据遗迹中木桩的排列和走向，建筑专家推算，第四文化层至少有6栋房屋建筑。河姆渡遗址的干栏式棚屋（图2-5）是古代南方百越[12]部落的一个居住区。这种建筑以竹木为主要建造材料，多为两层的房屋，下层饲养动物和堆放杂物，上层居住。该建筑以大小木桩为基础，在木桩上架设大小梁，铺设地板，并做

---

11 出自《盘古王表》，原文："昊英氏继之，传九世。有巢氏继之，教民编槿而庐，葺藋而扉，塓涂茨翳以蔽风雨，是为有房屋之始，亦曰古皇，传七世，权臣为变而亡。"

12 百越，源于先秦古籍对南方沿海一带古越部族的泛称，又称古越族或越族等，因部族众多，故谓之为"百越"。百越有很多分支，包括吴越、扬越、东瓯、闽越、南越、西瓯、骆越等众多越族支系。《吕氏春秋》统称这些越族诸部为"百越"。《汉书·地理志》记载百越的分布"自交趾至会稽七八千里，百越杂处，各有种姓"。其分布区域主要包括现今的苏、浙、皖、赣、闽、粤等省的全境或部分地区，遗址有草鞋山遗址、河姆渡遗址、良渚遗址、奇和洞遗址等。

图 2-5　河姆渡遗址复建的干栏式棚屋

成高于地面的基座。然后在上面架设柱梁，搭建人字形的坡屋顶，
完成建筑的屋架部分。最后，用苇席或树皮编织成围护的设施，从
遗址出土的苇编残片可以看出当时编织技艺的成熟。

　　与河姆渡遗址不完全相同，半坡遗址的建筑由围绕平面四角排
列的支撑木桩和"木骨泥墙"构成。"木骨泥墙"的做法是以较粗
的树枝作为墙体的支撑结构，结构之间则采用软细的枝条编织后再
内外糊泥构成。半坡遗址的建筑由 4 根粗柱子上架横木组成框架，
支撑半地穴的落地屋盖。落地屋由 33 根直径 20 厘米的木骨编成骨架，
内外再敷泥抹平形成可遮风挡雨的屋盖。原始社会早期的木构建筑
充分利用了木材强度好、易加工的特点，通过相互的交叉搭接形成
框架结构。在此时，原始干栏式建筑形成依靠榫卯与企口连接木材
的方法，成为后来木构建筑最主要的结构特点。另外，我们还可以

从后续的史书记载中看干栏式棚屋建筑的一些编织构造：

1. 屋顶构造：屋顶材料主要使用茅草、荻杆、芦苇、树叶、树皮等。例如："海边生大箬叶，长八九尺，编其叶以覆屋。"[13]

2. 墙壁构造：主要材料有木和竹，例如："筑室如巢窟，屋壁以木为筐，竹织不加涂墍。"[14] 又如："土人俱架竹为栏，下畜牛豕，上爨与卧处之所托焉。架高五六尺，以巨竹槌开，径尺余，架与壁落俱用之。"[15]

3. 楼面构造：编竹为楼面，或铺竹木。例如："凡深黎村，男女众多，必伐长木，两头搭屋各数间，上复以草，中剖竹，下横上直，平铺如楼板，其下则虚焉。"[16]

在早期的原始社会，人类建造栖身之所的方法就是用树枝编或扎的方式形成骨架，然后用茅草覆以草顶作为居所。而后，演化为木骨泥墙的构造，成为早期建筑的原型。编织在原始巢居建造中的重要作用，可以从原始棚屋的编织构造中得以显现。从这个过程中，我们可以看到编织是一个用材料组合形成墙体的手法和过程。在获得材料后，连接成面成为首要任务。绑扎的连接方式仍然出现在许多南方民居的营建中。如云南沧源翁丁佤寨[17]（图2-6）是迄今为止保存最为完好的原始干栏式建筑村落，以草、竹、木三种为主要建造材料，就地取材、结构简单。建筑以木为柱，以扎编后的竹子或木板为墙，以茅草片盖顶，屋顶大多设有丫叉形的搏风板，用整木制作楼梯。佤族干栏式建筑与其他的干栏式建筑最大的区别表现在屋顶两侧的叉叉，故佤族的干栏式民居也叫"叉叉房"。所以，墙体之所以起源于编织，是因为最初的围护结构的墙体篱笆、栅栏都

13　出自《南齐书》列传·卷五十八，《南齐书》为"二十四史"之一，南朝梁萧子显所撰，是现存关于南齐最早的纪传体断代史书。

14　出自《方舆胜览·卷四十一》，《方舆胜览》是南宋祝穆编撰的地理类著作，全书共七十卷。主要记载了南宋临安府所辖地区的郡名、风俗、人物、题咏等内容。

15　出自《徐霞客游记·粤西游日记三十一》，《粤西游日记》共分四篇，是明代徐霞客按日记述公元1637年在广西游历观察所得，对广西人为、地理、水文、地质、植物等均作了详细记录。

16　出自《海槎余录》，明代顾玠所著，顾玠于明嘉靖间曾任职儋州，闲时于其地考察山川风物，耳目所及，无不记载。书中对海南黎族的经济生活、风俗习惯尤多记载，颇有参考价值。

17　云南沧源翁丁佤寨，有着近400年的建寨历史，位于云南省临沧市沧源佤族自治县，原始佤族民居建筑风格、原始佤族的风土人情，被称为"中国最后一个原始部落"。

图 2-6　云南翁丁佤寨干栏式建筑

是扎编而成的，且先于砌块和夯土而存在。在墙体的演化过程中，
编织形态逐渐演变为装饰性的面层，但编织物作为墙体的本质（围
合物）却一直未变。

（二）原始建造中的编织

　　编织与建造的结合其实在世界各地都有，不单单只是"巢居"
和"干栏式建筑"。我国北方游牧民族的蒙古包就是一种以编织方
式搭建的灵活自由的传统民居，易于拆建和运输。蒙古包的主体哈
那（图 2-7）是由数十根同样粗细、抛光的红柳木条网状交叉编织
而成，中间用皮绳连接固定，形成可以伸缩的带菱形网眼的圆形篱
笆墙，蒙古包屋顶帐篷的重量分散和均摊下来，传到每一根红柳木
条上。指头粗的柳棍编织成墙，形成蒙古包的围合墙体。由此可见，
红柳木条编织的哈那是墙体的另一种演化，是一种可自由拆建的编

陶脑

乌那

哈那

图 2-7 蒙古包的哈那

织结构。

在非洲、南美的原始部落中，现在还保存着许多运用编织的原始建造方式。如非洲斯威士兰王国蜂巢小屋、埃塞俄比亚锡达马（Sidama）地区和奥莫山谷原始部落的茅草屋、南非祖鲁传统蜂巢小屋、非洲吉布提阿法尔小屋、非洲卢旺达的房屋、西非纳米比亚辛巴族人住的茅草屋、中东也门提哈姆地区的乌沙（高粱杆屋顶）、南美玻利维亚嘎嘎湖土著人的茅草屋等，基本都是以当地的草、藤、木等材料，结合编织的手法进行建造的一些建筑，从中可以看出以前原始建造方式的留存，也更好地印证了编织与建筑这种紧密关系的久远历史。

位于非洲东南部的内陆国家斯威士兰王国（The Kingdom of Eswatini）地处南非高原东南边缘德拉肯斯山脉（Drekensherg Mountains）的东坡，炎热的气候使得世代生活在这里的居民建造出

了一种形似蜂巢的独特建筑。这种建筑的框架由小树苗弯曲形成圆
形的顶部，通体覆盖着紧密编织的干草，再在上面覆以绳网固定。
这种精致的民居住起来冬暖夏凉，可以自然适应这个国度的炎热气
候，还能防止雨水的侵蚀。尽管如今这种蜂巢小屋已濒临绝迹，人
们依然能从一些野生动物保护区和度假村体验到它。仿佛是同样的
手法和造型，南非纳塔尔（Natal）祖鲁人（Zulu kaNtombhela）[18]
的穹形茅屋（图 2-8）就像一个圆球形的大馒头。祖鲁人的穹形茅
屋外形为半球形，这和一般的圆形茅屋不同，圆形茅屋是在圆柱形
的底部上加一个锥形的顶。祖鲁人的穹形茅屋拥有非常精巧的手工

图 2-8　非洲南非纳塔尔祖鲁人穹形茅屋

18　祖鲁人（Zulu kaNtombhela）祖鲁族是非洲的一个民族，使用的语言是祖鲁语（isiZulu），约 1100 万人口，主要居住于南非的夸祖鲁 - 纳托尔省（KwaZulu-Natal）。

编织技艺。它是由家庭中的女性编制而成的，采用柔韧的藤条编出穹形支架，然后再用麦杆和柳枝编织成席子覆盖在上面。这种编织手法的运用在肯尼亚的茅草屋上也如出一辙，也是用藤条编织而成，只是编织的手法不同，整体形状同样好似大馒头。

　　位于埃塞俄比亚境内的东非大裂谷附近有一个名为奥莫山谷[19]（OMO Valley）的地方，这里部落众多，居住着许多神秘的、与世隔绝的原始部落，Dorze 村庄是其中之一，村庄在奥莫山谷山顶上，Dorze 村的人们居住的房子叫作象屋（图 2-9），是用竹子和茅草建造起来的大象形状的房子。房子用竹筋编织为墙体，上覆以茅草，

图 2-9　埃塞俄比亚奥莫山谷原始部落的象屋

19　奥莫山谷（OMO Valley）位于埃塞俄比亚南部，那里生活着的原始部落被认为是全世界最原始的生活方式，这里远离文明，千百年来部落文化传承至今。

图 2-10 非洲卢旺达国王宫殿

上面有三个通风口，看起来很像大象的鼻子和耳朵。而位于非洲东南部尼亚萨湖（Lake Nyasa）的国王宫殿是卢旺达最重要的文化地标之一，这里曾是古老的皇家住所。卢旺达的国王宫殿（图2-10）由层层叠叠的茅草编织捆扎而成，繁复而坚固，圆形屋顶内部用木杆支撑起藤条编织的犹如草帽般的环状编织，覆盖的空间极大。而在南苏丹，多达83%的当地人口居住在一种被称为"图克尔"（Tukels）（图2-11）的传统农舍中。其中托普萨人 [20]（Toposa）是生活在南苏丹东南边界地区的最大部落群体之一。他们生活的村庄井井有条，在旱季和雨季有不同的房屋，并且设有存放食物和贵重物品的仓库。"图克尔"是一种蜂巢状的小屋，房屋的框架由许多细小的树枝缠

20　托普萨人（Toposa），又译为托普莎人，与图尔卡纳人是兄弟民族。主要生活在南苏丹东赤道州卡波埃塔地区，人口约 20.5 万。

图 2-11 非洲南苏丹图克尔

绕而成，底部由用麻线固定在一起的粗壮木材支撑，层层叠叠的茅草屋顶犹如贵妇的裙摆。这种房屋的实用性类似于我国苗族的吊脚楼，被支撑起来的房屋与地面的空隙形成了储存粮食、饲养动物的可利用空间。

中东也门提哈姆（Tihama）[21] 地区有一种民居叫"乌沙"（图2-12），又被称为"辫子屋"。"乌沙"这种特殊的住宅远在公元前16世纪就有记载，当时它主要分布于农业发达的提哈姆地区，现在则只见于经济不甚发达的也门。一群"乌沙"组成一个群落，用木栅栏围起以防备野兽。每个"乌沙"大概直径4米，用树枝和泥土做成墙，用捆扎的甜高粱杆做成圆锥形的屋顶，上面用绳子紧密

21　提哈姆地区（Tihama），从今天的沙特阿拉伯一直延伸到也门共和国北部境内。

图 2-12 也门提哈姆地区乌沙

地扎捆。长长的绳子像发辫一样垂下来，非常别致。因为这里的气
候炎热潮湿，房屋前后各设有一个门，用于通风。室内有上下两层，
下层墙壁用灰泥涂抹，是主要生活起居的地方，上层是木结构的顶棚，
可以储藏东西。另外，在非洲的许多原始部落的建筑中还留存类似"木
骨泥墙"的建造方式，因地制宜地结合运用当地的材料，比如树干、
秸秆等，先编织成栅栏或篱笆墙，再在其外敷上搅拌好的泥巴，木
栅栏作骨架在墙体内起着支撑加固的作用，使泥巴能够附着在上面
变成建筑的墙壁。

　　从上述可以看出，编织与建筑的关系由来已久。从远古时代的

巢居、有巢氏的"编槿而庐"，抑或河姆渡遗址中的干栏式棚屋，到《营造法式》中的笆箔、竹笆、编壁（隔截编道）、竹网罩、竹席铺地、竹栅栏，可以看到古代先民对于编织在建筑营造中的各种运用。而且，手工编织与原始建造的结合在世界各地均有遗存，不管是蒙古包的哈那、南非的祖鲁人茅屋、奥莫山谷的象屋，还是卢旺达的图克尔、也门的乌沙，编织总是能因地制宜地利用本地域的材料，以相似的手工编织技艺运用到房屋的建造中。有的编织形成墙体，有的作为屋顶，妙用不同，但手法一致。这种编织与原始建造的结合基本都是以当地的草、藤、竹、木等天然材料，结合手工编织的手法进行建造居住，从中可以看出以前原始建造方式的留存，也更好地印证了编织与建筑这种紧密的关联是由来已久的。森佩尔从理论层面定义了编织与建筑的内在关系，认为"建筑与编织同步，建筑起源于用编织物定义出社会性空间的过程"，森佩尔从人类学的"动机"角度出发，指出了"编织"作为空间围合物与墙体在本质上具有相同的意义。森佩尔之所以强调"编织"是墙体的起源，表明建筑的要素和形式在基于实用需求的满足后，建筑形式实现了由功能性向象征性的一种转变。

三、编织与营造

编织作为传统手工艺历史悠久，蕴含着深厚的文化底蕴。从美学上来说，编织是以最基本的构成元素"线"所构成的，它根据线的方向、疏密、位置的不同产生各种不同的编织纹样。不论藤编、柳编、苇编、麻编、棕编还是竹编，这些编织工艺的原材料都源于大自然，有着一种质朴天然的美。天然的植物材料具有相似的纤维特性，随着手工劳动的出现，它们出现在古代生产生活的"编织"体系中。编织所涉及的不仅限于穿着的衣物、日常使用的器物，同时，编织这一工艺手法也用于房舍的建造中。古人用强度更好的韧劲材料编织，并用于较大尺度的居住空间的建造，建筑中的编织有草庵、藤栅栏、竹庐、竹篷、柳编等。从广州出土的汉墓中可以发现，2000多年前，建筑中已经有障日竹篷、竹旋编墙和夹泥竹墙了，可见古人很早就将编织用于建筑的不同部分中[22]。

为了区分手工艺的"编织"与建筑中的"编织"，本文将建筑中的"编织"定义为"营造"的概念，突出编织的空间性和结构性，以区分手工艺的、造物的"编织"。本书中的"编织"概念的提出源于"编织"，但在具体所指上又与手工艺的"编织"不尽相同。这里所用的"编织"不是纺织上的术语意思，在英文词典中可翻译成 contexture：构造组成、编织（工艺或方式）；或翻译成 tisser：织造。"编织"在这里的定义是通过编织的工艺手段用某种线性材料来制作或构造具有三维空间形态的装置或构筑物。简单地说，在建筑领域的"编织"是一种有空间结构的编织。

本书将"编织"的范畴从我们最熟悉的手工艺维度，扩展到自然界的"编织"，再到建筑领域的"编织"，"编织"的涵义范畴再一次延伸扩大，将物象中对"编织"思维和逻辑、"编织"表象的借鉴模仿也都包含在此次研究的范畴之中。"编织"作为一种线性材料的组合逻辑，可以创造出自由多样的空间形态，展现出独特的"因线成形"的编织语汇。建筑中的"编织"的工艺手法和形态语言来源于手工艺的"编织"，但比常规的"编织"尺度要大，形态更富空间性和结构性，选择的线性材料更坚韧更牢固。建筑形态的"编织"，是一种广义上的"编织"，包含了建筑领域中的拟"编织"和类"编织"的编织现象。"编织"在这里更偏向于一种编织的现象(Phenomenon)概念，它好比是一种过程的产物。

建筑领域的"编织"相对于"营造"来说是其手法之一，所以包含在建筑营造中。"营造"的意思是指营建、建造、构造，或指建筑工程及器械制作等事宜。与"营造"相关联的就是《营造法式》，一部北宋官方颁布的古代建筑设计和建造的典籍，记载着古代建筑

22　邓其生《中国有关竹材应用与处理的发展》，农史研究，1983 年第 3 期，第 170 页。

的制度、做法、用工、图样等珍贵史料。《营造法式》中所录壕寨、石作、大木作、小木作、雕作、旋作、锯作、竹作、瓦作、泥作、彩画作、砖作、窑作等 13 个不同工种的制度，记载了编织技艺运用于建筑施工的一些方法。《营造法式》中的编织主要包含在竹作里面。《营造法式》的竹作制度中记载了竹作的详细工艺，里面叙述了在房屋建造中的竹编工艺，如用笆箔、竹笆、竹网、竹席、竹栅栏等。比如有：①在古代建筑中，笆箔是竹笆、苇箔、荻箔的合称，即把竹条破片或苇荻竿编织而成的片状物，铺于椽上以为结瓦垫层，以取代木望板[23]承托上面的泥背和瓦件，通常为多层叠加使用。竹笆在耐久性和强度上强于荻箔和苇箔，故置于最底层，竹笆由经纬双向编织而成，其中"经"顺椽用，"纬"横铺椽上，经稀纬密，比例为二比三；经纬每道用竹四片，间距随竹径变化，而竹径则是根据屋面大小及瓦的类别选定。苇箔的编织材料是苇杆，按一定大小编织成规格成品，每片称为"一领"，每领大小约 40 平方尺（约 4.44 平方米）。[24]竹笆通常与苇箔并用，一般是一层竹笆加二到六层苇箔。例如七开间以上的厅堂殿阁可用一层竹笆和五层苇箔[25]。②古代建筑在隔断墙的木框架中，以竹片经纬编织镶嵌围护可用作竹笆墙，《营造法式》称之为隔截编道[26]，又叫编壁。据记载，对编壁的编织方法如下："造隔截壁桯内竹编道之制，每壁高五尺，分作四格，上下各横用经一道，格内横用经三道，并横经纵纬相交织之。"即先在墙壁分位立柱枋，形成一截三、四尺宽的空档，以相应的尺寸和方式在框架内经纬交错编织成片状的竹编道（似竹笆），或将竹篾条以横经纵纬的编织相交绑紧做成竹笆，嵌在墙壁的柱间空当里，竹编道在隔墙位置绑好，内外抹泥，泥上抹石灰即成"编壁"（图

23 望板，又称屋面板，铺设于椽上的木板，以承托苫背屋瓦之用。亦可直接钉于檩条之上。在其上一般铺设防水层、保温层、隔热层以及瓦片等。

24 乔迅翔：《宋代建筑瓦屋面营造技术》，古建园林技术，2007 年第 3 期，第 3-9 页。

25 宋《营造法式》卷十二•雕作制度、旋作制度、锯作制度、竹作制度，第 270 页，造笆。

26 宋《营造法式》卷十二•雕作制度、旋作制度、锯作制度、竹作制度，第 270 页，隔截编道。

图 2-13　竹篾编壁

2-13）。编壁薄轻耐用，多用于南方温暖地区，这种墙在江西和安
徽的明代建筑上仍可看到。③用细竹篾编织成网状，并以小木枋固定
于殿阁外檐斗栱外围，罩在殿阁的屋檐下，以防鸟雀栖息于斗栱间，
用以防止斗栱为鸟雀污染，被称为"护殿檐雀眼网"[27]，这是后来用
金属丝网罩斗栱的先例；④把细竹片编成席子并缀以水文、方胜、
龙凤各种花纹，成为一种室内的铺地材料。用染色的竹篾编成各种
图案和龙凤花样的竹席铺在殿堂地面上，称为"地面棋文簟"[28]；⑤
编竹篱笆（栅栏）用以分隔庭院，竹篱笆围栏是庭院里常见的元素

27　　宋《营造法式》卷十二·雕作制度、旋作制度、锯作制度、竹作制度，第271页，护殿檐雀眼网。
28　　宋《营造法式》卷十二·雕作制度、旋作制度、锯作制度、竹作制度，第271页，地面棋文簟。

之一，在园林中起着不可取代的地位。一般为经纬或斜向相交编织做成，称为"竹笆"；⑥暑天搭盖凉棚可用竹篾编织，也可用素色的竹篾编成竹席用作遮阳板，以遮蔽日光，称为"障日"[29]。

　　从《营造法式》中记载的笆箔、竹笆、编壁（隔截编道）、竹网罩、竹席铺地、竹栅栏等，可以看出古代对于编织在建筑营造中的各种运用。所以，"编织"属于"营造"的一部分，这里的"编织"是指以编织为手法营建、建造的空间形态的构筑物，其建构形式来自编织的语言手法和结构逻辑。广义上的建筑形态，其呈现的编织肌理、编织结构、包络空间能带给人异于常规建筑空间的视觉、感觉的不同体验。建筑中的"编织"，是一种广义上的"编织"，用"fabric"相称。英语中的"fabric"有抽象地表达建筑的构造之意，其词源来自 15 世纪的法语和拉丁语，主要指建筑的结构和构造，具有概括性和抽象性。"fabric"一词暗含"建造行为"之意。实际上，这种"建造行为"与支撑建筑的结构无关，而是"建造行为"本身，即最终可以形成组织逻辑的部分。所以，"编织"在建筑中是一种有编织结构的营造。"编织"是"营造"工法的一部分，是以营建空间为目的的编织，属于广义"编织"的一部分。

29　宋《营造法式》卷十二·雕作制度、旋作制度、锯作制度、竹作制度，第 272 页，障日。

第三章　作为建筑形态的编织

编织不仅仅只是一种手工艺，广义地说，编织作为一种方法，其外延可以不断地扩大。编织手法的运用在建筑领域里已经相当普遍，在建筑的尺度上，作为一种建筑形态，一直以来为建筑师所津津乐道。卡冈的《艺术形态学》理论搭建的结构系统对于分析编织与建筑形态的关系具有借鉴意义。卡冈根据艺术类别、门类、样式、品种、种类和体裁系统，绘出了一个形态学的图表结构，并指出同类、相邻或相近的艺术会"杂交"形成化学反应，且联结生成新的整体。建筑艺术与手工艺术属于毗邻的艺术门类，合乎规律地产生"化学反应"是最正常不过的。"两种成分联合成一个有机的整体，这仅仅取决于一种成分使另一种成分从属于自己，和自己'相配'的能力（或者相反，取决于它适应另一种成分的能力）。"[1] 卡冈的这段话恰如其分地解释了"编织"与"建筑"化学反应时产生的形态学上的可能。

编织参与建筑形态的建构是两种成分化学反应的结果。编织融合建筑空间自身体系，以一种建筑形态而存在。编织的基本语言就是经纬的逻辑，其形态依据是线性元素的有序组合。编织不仅仅只是作为一个空间容器的围合物，它可以是生成整个空间的结构机制，以结构构件和围护构件为元素，形成支撑和装饰的编织空间。如果说森佩尔在建构的层面将编织作为空间围护物，定义了编织与建筑的同步关系，明确了建筑起源于用编织物（挂毯）定

1　（俄）卡冈《艺术形态学》，凌继尧、金亚娜译，上海：学林出版社，2008年，第382页。

义出社会性空间的过程。那么当下的"编织建筑"则是一种方法论的树立，并完成了一场形态观念上的嫁接。正如美国康奈尔大学建筑系教授珍妮·萨宾（Jenny Sabin）[2] 所说的，是行为意义上的或者是手法上的编织成了建筑形态生成的一种有效媒介。方法论的建立，是跳脱开编织作为手工艺的单一认知，需要相应的宽泛视野和认识论背景，以及建筑实践的技术至此为基础的转化。

建筑形态是人为创造的物质形态，"编织"是建筑形态的一种"修辞手法"或是"形态修辞"。简单地说，就是艺术形态在美学上的提炼凝结。"编织"在建筑中的运用，与表皮肌理、材料构造、空间形态和结构逻辑等要素相关联，"编织"既可以作为建筑表皮的装饰物，丰富立面的肌理效果，也可以被理解为带有编织形式和丰富层次的构造方式，参与到建筑空间形态的塑造。首先，从形式的层面来看，编织带来了一种极具变化的形式。这种形式不是建筑师纯粹的主观臆造，而是源于编织流传已久的自身的形式美感，只是这种美感并非来自我们熟知的现代主义建筑的理性范式和经典的欧几里德体系，而是与传统手工艺的编织跨界连接。其次，从建筑自身的角度来看，与以往的建筑形式相比，"编织"不仅丰富了建筑的形态表征，同时也是形式建构和结构生成的思维方向，更是建筑创作中所能体现的一种手法。

对于建筑师而言，编织作为一种手法，能够生成更丰富的表皮肌理、更多元的结构体系变化。编织手法的运用可以一改传统的盒子形态，营造出以线性元素为手法的线性组合，打破固有的空间体系，以一种有序多样、肌理丰富、逻辑清晰的方式展开。一直以来，建筑师从未停止过对于编织作为建筑方法论的各种尝试，然而建筑的编织毕竟不同于小尺度的日用品编织，虽然手法来自于手工编织，但从材料的运用、结构的转换、尺度的放大等方面来说，都不是手工编织可以比拟的，作为一种建筑形态的编织呈现了另一领域或另一维度的映照，从编织的视角解读建筑形态中的编织，可以丰富和拓展编织自身的语言，扩大编织的空间形态范畴，使编织衍生出多重的价值与意义。

---

2   珍妮 · 萨宾（Jenny Sabin）任教于美国康奈尔大学建筑艺术规划学院 Architecture Art Planning（AAP），兼建筑师、艺术家与教育家，康奈尔大学建筑系研究生部主任，Jenny Sabin Studio 的负责人。

一、从自然材料出发

建筑中使用的编织材料主要有草、苇、芒、麻、棕、藤、竹和木等，其取材以"因时制宜，因地制宜"为原则，根据不同的地区和背景，采取各自适宜的生产和发展之道。这些天然的植物材料是人类生产和生活中不可或缺的自然资源，也是编织的天然资材。远古时期，人类就开始使用这些天然材料了，他们将植物的茎皮剥离，劈搓编织以供生产生活所需。对于材料的选择灵活多变，针对材料不同的线性特点和物理性能，用于不同的编织形式和结构特点。天然材料可以说是大自然的馈赠，且与人的生活有着天然的默契。我们选择草、苇、藤、竹等天然材料来进行编织，一是因为这些材料随手可以获取，比较便捷；二是这些材料编织时容易加工成型，适用于房舍的建造。所以，在几千年编织的传承演化中，这些天然的材料逐渐演变成常用的编织用材。藤条和竹子以其优越的柔韧性和编织时的塑形能力，以及编织成型所体现的肌理美感，在建筑中至今仍被用作特殊的设计效果。

在传统的建筑编织中，对天然植物材料的选择，本着因材施用的原则，各不相同。无论是藤编、柳编、芦苇编、竹编、棕编还是麻编，这些原材料都来自大自然，有着一种质朴天然的美。而且，这些天然植物材料具有相似的纤维特性。伴随着手工劳作，它们出现在古代生产和生活的"编织"体系中。而房舍建造中运用的编织如草顶、栅栏、竹庐、柳编等，则是选用强度更好、更有韧性的纤维材料，形成较大尺度的编织建造。在瓦片出现之前，草或芦苇多作为屋面材料普遍使用。即使在瓦片屋顶出现之后，也仍然出现在茅草屋中。草是一种轻质廉价的天然材料，被认为是屋面的起源材料之一。在屋面施工中，茅草具有不同于瓦片的屋面形式、坡度特征和施工方式。

作为较早被用作编织材料的藤条一般取自深山老林，藤条是一种质地坚韧、身条极长的藤本植物，其外皮色泽光润，手感平滑，极富韧性，是上好的天然编织材料。藤编是以藤茎的茎干和表皮为原料进行编织的工艺。藤编工艺历史悠久，据考古资料，人类开始定居生活后，为便于储存稻谷和狩猎的食物，就地取材，使用藤本植物的枝条编成篮、筐等器皿。《三国演义》有关于"藤甲军"的记载，所谓"藤甲"就是用藤条编织的战衣，"渡江不沉，

经水不湿，刀箭皆不能入"[3]。过去，在界头、明光、古永等云南边境地区，

许多道路在逢江遇河之时，都会架设编织的藤桥作为过河交通的桥梁。这种

用藤条编织的便桥状如网槽，历尽风雨而持久不朽，人行走在上面，晃晃悠

悠的。现在的云南大理云龙、保山德宏、西藏墨脱等原茶马古道上仍可以看

到古老的藤桥（图 3-1）。

　　提起藤编建筑，我们最熟知的可能就是上海世博会的西班牙馆（图 3-2）。

由藤编而成的西班牙馆在 2010 年上海世博会上抢尽人们的视线，被昵称为"西

班牙大篮子"。作为上海世博中面积最大的自建馆之一，西班牙馆由钢结构

和柳条编织的覆盖物组成，形态造型的亮点在于其用柳条编织的表皮。展馆的

图 3-1　云南德兴藤桥

3　　出自《三国演义》，原文："其藤生于山涧之中，盘于石壁之上；国人采取，浸于油中，半年方取出晒之；晒干复浸，凡十余遍，却才造
　　成铠甲；穿在身上，渡江不沉，经水不湿，刀剑皆不能入。"因此称之为"藤甲军"。

设计师贝娜蒂塔·塔格利亚布（Benedetta Tagliabue）[4]解释表示"藤编作为一种传统工艺，在中国和西班牙都扮演着重要角色。使用藤编作为建筑材料，意在提醒人们在展望未来的同时也需牢记根基和传统"。这些柳条板全部由山东手工艺人手作编织，而且每一块都有编号，柳条编织的板块像羽毛一样附着在建筑的表面，形成流动的波浪状曲面造型，层叠的表皮使建筑显得富有肌理变化，外形宛若一个不规则的篮子。整座建筑共由 8524 块柳条板沿起伏弯曲的外立面叠加拼接而成，每块柳编板长 2 米、宽 1 米，完全由手工编织而成，

图 3-2　2010 年上海世博会西班牙馆

4　贝娜蒂塔·塔格利亚布（Benedetta Tagliabue），2010 年上海世博会西班牙馆设计师，普利兹克奖评委，Miralles Tagliabue EMBT 建筑事务所的负责人，兼哈佛大学、哥伦比亚大学等知名院校的客座教授。

总面积将近 12000 平方米。西班牙馆外墙采用了三种不同编织方式、不同颜色的柳条板组合，深浅各异的柳条板是用开水煮不同时间形成的。柳条板似羽毛一般包裹住整个场馆，却不遮挡光线，自然光线可以通过藤条和钢结构的缝隙透入展馆内。选择藤编作为场馆建筑的表皮材料在当代建筑界是一大创举，这也成了西班牙馆建筑设计上的最大特色。

相比藤编，竹编也是传统编织中的精华，一直以来在民间应用极为普遍，且占有非常重要地位。最早的竹编制品距今已有近 5000 年的历史。古人充分利用竹子韧性强、易成型、坚固耐用等特点，选其作为编织用材，应用于生活的各个领域。竹材经劈裂后可以形成线条状的竹片和竹蔑，经编织后应用范围更广。从建造房屋、生活用具到手工艺品，将竹编这种手工技艺发展到了炉火纯青的程度。与藤编一样，竹编工艺也异常复杂，包含了选竹、锯竹、卷节、开片、刮青、破蔑、拣蔑、刮蔑、煮蔑、剖丝、刮削、磨光、编织、上色等一系列工序流程。竹编就是利用不同粗细与厚薄的竹丝、竹蔑，相互交叉、穿梭、挑压而编织形成的不同纹样和造型器物的一种工艺。根据不同的用途，竹编纹样已达几百种之多，各种编法可以组成千变万化的竹编图案（图3-3）。

竹子和竹编用于建筑的历史也相当悠久。据古代地理书籍《三辅黄图》[5] 记载，汉代的甘泉祠宫[6] 就是用竹子构筑而成的；宋代《营造法式》中竹作的主要内容就是关于竹材的编织用法，包括屋面基层的"竹笆"，墙体镶嵌围护的"隔截编道""竹栅"，地面装饰的"地面棋文罩"。竹片和竹蔑编织可用于与土坯结合作为墙体的拉筋构造，或作为精细编织的衬顶和铺地。从广州出土的汉墓冥器中我们可以发现，2000 多年前就已经有障日竹篷、竹旋编埼和夹泥竹墙等轻质的竹编织被用于建筑中。宋代王禹偁[7] 在湖北黄冈为官时，

5　（南北朝）不详，三辅黄图 [M]. 北京：国家图书馆出版社，2003.《三辅黄图》，古代地理书籍。作者佚名，又名西京黄图，简称黄图。成书年代不晚于南北朝，记载秦汉时期三辅的城池、宫观、陵庙、明堂、辟雍、郊畤等，间涉及周代旧迹，是研究古代中国北方都城的重要文献。

6　甘泉祠宫，又叫竹宫，汉武帝时用竹建造的宫室。后作祠坛的泛称。典出《汉书·礼乐志》："以正月上辛用事、甘泉、圜丘，使童男女七十人俱歌，昏祠至明，夜常有神光如流星止集于祠坛，天子自竹宫而望拜。"又《三辅黄图·甘泉宫》："竹宫，甘泉祠宫也，以竹为宫，天子居中。"

7　王禹偁（公元 954—1001 年），字元之，济州钜野人。北宋诗人、散文家，宋初有名的直臣。北宋太平兴国八年，考中进士，敢于直言讽谏，屡受贬谪。历任右拾遗、左司谏、知制诰、黄州知州，世称王黄州。代表作《黄州新建小竹楼记》《录海人书》《答张扶书》等，晚年自编有《小畜集》。

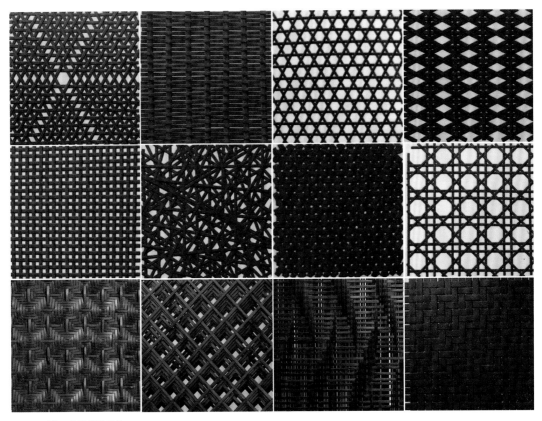

图 3-3 千变万化的竹编图案

也曾自造竹楼，并作《黄州新建小竹楼记》[8]。在南方的竹乡，尤其是武夷和岭南，竹楼、竹屋是寻常百姓搭建的居室房舍。清代沈日霖在其撰写的《粤西琐记》中记载粤西"不瓦而盖，盖以竹；不砖而墙，墙以竹；不板而门，门以竹。其余若椽、若楞、若窗牖、若承壁，莫非竹者。衙署上房，亦竹屋"[9]。

古代为适应潮湿多雨、虫蛇兽多的自然环境，"干栏式"民居曾遍布南方，

8　《黄州新建小竹楼记》是北宋文学家王禹偁被贬为黄州刺史时所作的一篇散文。文章通过描绘竹楼的特点和作者寓居竹楼所领略到的独特风光和雅趣，集中表现了作者遭贬后怅惘落寞、茫然无奈而又不甘沉沦、刚正不阿的复杂感情。全文文字清丽，寄慨深远。《黄州新建小竹楼记》原文："黄冈之地多竹，大者如椽。竹工破之，刳去其节，用代陶瓦。比屋皆然，以其价廉而工省也。于城西北隅，雉堞圮毁，蓁莽荒秽。因作小楼二间，与月波楼通，远吞山光，平挹江濑。幽阒辽夐，不可具状。夏宜急雨，有瀑布声；冬宜密雪，有碎玉声；宜鼓琴，琴调虚畅；宜咏诗，诗韵清绝；宜围棋，子声丁丁然；宜投壶，矢声铮铮然：皆竹楼之所助也。公退之暇，披鹤氅，戴华阳巾，手执《周易》一卷，焚香默坐，消遣世虑。江山之外，第见风帆沙鸟、烟云竹树而已。待其酒力醒，茶烟歇，送夕阳，迎素月，亦谪居之胜概也。彼齐云、落星，高则高矣；井幹、丽谯，华则华矣。止于贮妓女，藏歌舞，非骚人之事，吾所不取。吾闻竹工云："竹之为瓦，仅十稔，若重覆之，得二十稔。"噫！吾以至道乙未岁，自翰林出滁上；丙申，移广陵；丁酉，又入西掖；戊戌岁除日，有齐安之命；己亥闰三月到郡。四年之间，奔走不暇，未知明年又在何处，岂惧竹楼之易朽乎！幸后之人与我同志，嗣而葺之，庶斯楼之不朽也。咸平二年八月十五日记。"

9　出自《粤西琐记》一卷。清代沈日霖撰，为嘉庆二十四年（1819年）作者为学使督学广西时所作，内容涉及广西气候、物产、矿产、山川、岩洞、僻姓、迷信、寨老、乡约、语言、俗字、壮锦、壮布等，是研究广西地方史和壮族史的重要文献。

随着历史的发展，如今仅在西南地区被部分少数民族所使用。傣族人作为百
越的后裔之一，继承了"干栏式建筑"的布局结构，并在其基础上升级改造，
形成各式各样的傣族竹楼，其中以西双版纳地区的竹楼最为典型。

　　传统的竹建筑结构类型大致分为梁柱式、穹顶式、编织式和竹棚式。编
织式结构是指用细竹竿或竹篾编织而成的整体结构，通过材料间的摩擦力成
型，让编织形成最为原始的穿插连接结构，通过编织手法实现结构的轻巧牢
固。今天的竹建筑师在研究传统竹构的基础之上，创造性地利用编织拓展了
竹建筑的建造手法。如比较知名的越南建筑师武重义（Vo Trong Nghia）[10]，
他利用竹材和竹编创造出了独具特色的竹结构和建造美学。武重义注重表达

图 3-4 越南风和水酒吧（wNw Bar）

10　　武重义（Vo Trong Nghia），越南建筑师，2010年上海世博会越南馆设计师，以竹构建筑而擅长。

竹材的自然肌理，在结构设计方面，运用传统的竹编织的手法形成有效的结构支撑，以此来降低建造的成本，达到生态环保的目的。例如，在"风和水酒吧（wNw Bar）"（图3-4）的建造中，武重义为整个酒吧设计了一个高10米、跨度15米的竹穹顶，整个结构看起来像一个巨大的编织鸟笼。酒吧的主体结构由48个预制的竹结构单元组成，每个结构单元由多个竹结构构件捆扎组成，48个预制的竹结构单元连接在一起犹如雨伞的伞骨。整个框架剖面呈半弧形，采用越南传统的竹编工艺，形成了一个跨度12米、无竖向支撑的自悬挑结构体系，内部空间十分开阔。酒吧屋顶覆盖着编织的茅草，整体给人以野奢的感觉。而在他的另一个项目"越南晚安（Nocenco）咖啡厅"（图3-5）的设计中，武重义以竹编织打造了独特的"洞穴"般的空间体验。建筑师将竹材以螺旋状交叉编织成网并覆盖在混凝土结构上，呈现出犹如"洞穴"般的空间效果。独特的竹编织将原有的混凝土梁柱结构包裹住，形成的圆形穹顶好像倒扣着的竹花篮，赋予了整个空间引人注目的外观，它还连接着两个竹制的尖拱结构，微微弯曲的竹篾相互交织搭接，形成一系列的尖拱造型，充分展现出了竹子的线条美和结构美，正所谓"以竹为柱，编织成拱"。

相较藤和竹材料，木材是人们建造房屋最主要的一种材料，也是中国古代建筑营造中的主流材料。木材有着广泛的种类和属性，具体到一棵树的木料，它不仅有粗细不等的圆形杆材，还有可用于次加工的板材和方料。这些形态各异的木料通过榫卯、交叉和连接实现了从树到木结构的形态转变。因为木材的纤维更紧实，强度更好，可加工型材的规格变化更大，所以从远古时期就一直沿用至今。在木构体系成熟之前，无论是建筑木料还是木结构技术都处于探索阶段。木材的大小、尺寸、重量、强度、密度、韧性、纹理、树种产地以及伸缩性、防腐性等都是古人择木的考虑因素。这些选料经验是工匠生活经验积累的结果，是指导人们认识、选择和应用材料的基础。我国木构建筑中梁柱的交错连接、斗拱的层叠咬合其实也源于编织思维。早在七千年前，我国就已有榫卯结构的出现，这种巧妙的搭接方法，为线型木构件提供了一种更加灵活的联结方式，木结构体系中的各种木构件相互穿插连接，斗拱便是最具代表性的木构件。一定程度上讲，斗拱都可以理解为通过各种构件将线形的木材编织成为一个网状的整体，所以，编织与木构有着密不可分的关系。

2000年德国汉诺威世博会的"大屋顶"（图3-6）就是木构"编织"的森林，

图 3-5 越南晚安（Nocenco）咖啡厅

建筑界俗称"大屋顶"，由托马斯·赫尔佐格（Thomas Herzog）[11] 设计。托马斯·赫尔佐格用其独特的设计手法，呈现了材料、结构与形态的一体化。"大屋顶"是造型形态与生态技术的完美结合，赫尔佐格大胆地选择了木结构，屋顶每个伞盖单元的组成元素包括：四个双曲面形状的木网格编织壳体、四个悬臂木框架、一个钢制连接构件和一个支撑塔。每个木构伞盖单元由四个边长尺寸为 19.5 米的双曲面木格栅壳体组成，由木质结构"编织"而成。其基本结构原理是，对于自重较轻的木栅格壳体将自重、屋面材料以及附加的雪荷载和风荷载先传递到悬臂木支架，然后通过称为"钢金字塔"的连接构件传递到支撑塔。选择编织木网壳作为大型屋盖覆层的主要原因是其自重相对较轻，可以更好地减小结构自重给支撑塔带来的压力。木格栅采用分层拼接的多层模板网状交叉，这种施工方法是利用水平拼接的木板层层叠合编织而成。编织网壳作为一种常见的曲面结构形式，具有明显的优点，即对每一块板材自身的要求不高。交叉"编织"的构造方式进一步加强了构件之间的连接，强化了每个单元的完整性。而木格栅编织的密度是根据载荷分布来确定的：载荷越大，木格栅编织越密，反之则较为疏松。因此，实际上双曲面木栅架的编织形式，来源于结构承重的需要，客观地反映了结构力学对造型形态的影响。

日本建筑师坂茂[12]（Shigeru Ban）设计的许多木构建筑都呈现出一种编织肌理，编织的木构既是结构同时也是视觉表达，同时带来了丰富的空间形态。如坂茂在 2010 年设计建造的韩国骊州市赫斯利九桥高尔夫俱乐部（Haesley Nine Bridges Golf Clubhouse）（图 3-7）项目。该项目最精彩的部分就是木构编织的"以木成林"的中央大厅，这个长 72 米、宽 36 米的矩形大厅由 21 根细长木柱子支撑。每根木柱子都有一个六边形网状编织木结构的天花板。从天花板到柱子完全由六边形的木肋一体编织而成。网状编织

11   托马斯·赫尔佐格（Thomas Herzog），1941 年出生，德国著名的建筑师和建筑学教授。罗马大学博士，德国注册建筑师，慕尼黑工业大学建筑系教授、系主任，他以其关注技术、注重生态的建筑设计享誉世界。

12   坂茂（Shigeru Ban），日本著名建筑师，2014 年普利兹克建筑奖获得者。1957 年出生于日本东京，1977—1980 年就读于南加州建筑学院，1980—1982 年就读于库柏联盟建筑学院，2011 年起任京都造形艺术大学艺术学部环境设计学科教授。

图 3-6　2000 年德国汉诺威世博会的"大屋顶"（2000 年）托马斯·赫尔佐格（Thomas Herzog）

图 3-7　韩国骊州赫斯利九桥高尔夫球俱乐部（2010 年）坂茂（Shigeru Ban）

的木屋顶在视觉上与木构柱子融为一体，仿佛它是柱子的延伸。这个项目中的大型编织木屋顶实际上是一种传统意义上的无梁无柱的三维空间木编织结构。该项目的木构由瑞士 Krusi 公司负责加工制作，完成后将构件运到韩国再现场组装。屋顶为双曲的木网格结构，由"榫卯"连接，无任何其他金属接头。屋顶由 32 个单元、467 个不同的木质构件和超过 15000 多个榫卯节点组成。可以说，大型双曲面木编织结构的屋顶是参数化设计与传统木构有机结合的成果。

编织木构在世界范围内有着悠久的历史，赫尔佐格、坂茂、隈研吾等建筑师关于木构的创新应用，特别是在大型公建中编织木构体系的运用，即使在今天也依然具有深远的意义。时至今日，采用编织手法的木构仍在延续。随着计算机技术和数控设备加工的逐渐成熟，编织木构不仅在建筑的许多方面显示出无可比拟的独特魅力，而且其发展中还拥有极大的潜力。作为设计界的风向标，世界博览会上建筑所采用的材料、技术与形式等都会采取木构"编织"的手法。与其他材料相比，木材可以带来一种自然而温暖的意象，其表面纹理更富材料本原的体现，而具有编织纹理的木构为建筑勾勒出了丰富的韵律感。

二、表皮形态的编织

森佩尔认为"编织"作为围合物是墙体的起源，建筑表皮作为墙体的演化，也可理解为起源于"编织"。可以说，"编织"与建筑表皮结合是恰如其分的。许多建筑师对建筑"编织"有各自独特的延伸和发展，并在创作实践中结合编织或编织思维。弗兰克·劳埃德·赖特（Frank Lloyd Wright）[13]、肯尼斯·弗兰姆普敦（Kenneth Frampton）[14]、坂茂（Shigeru Ban）等人通过理论实践、材料创新等方式，在不同程度上丰富了"编织"的概念。与"编织"

13　弗兰克·劳埃德·赖特（Frank Lloyd Wright，1867—1959 年），工艺美术运动（The Arts & Crafts Movement）美国派的主要代表人物，美国最伟大的建筑师之一，在世界上享有盛誉。

14　肯尼斯·弗兰姆普敦（Kenneth Frampton），1930 年出生，美国建筑师、建筑史家及评论家，美国哥伦比亚大学建筑规划研究生院威尔讲席教授。著有《现代建筑—部批判的历史》一书。

相关的言论曾出现在美国建筑师赖特的论述中。在他的有机建理论中，赖特把自己描述成是"weaver（织筑者）"，并将自己比作一个"织工"。他认为，将图案形式融入建筑是一种"编织东方地毯的方式"。在这里，赖特俨然认为自己是一个建筑领域的"织工"，将"编织"过程与完成后的风格有价值地统一起来，这反映了"编织"不仅仅是一个过程，而是一种现象或结构的塑造。美国建筑师、建筑史学家和评论家弗兰姆普敦的《建构文化研究：论 19 世纪和 20 世纪建筑中的建造诗学》中直接将"编织"引入"建构"中，赋予编织更具体、更深刻的内涵。可以说，这在很大程度上引领了当代建筑学的发展。

编织表皮已成为建筑师的一种新的建筑语言，它以整体简约、柔化体量、韵律与肌理、秩序与光影以及人文精神等方面特殊的美学意义，被建筑设计师广泛运用。建筑中表皮形态的"编织"更倾向于强调一种编织现象和编织肌理，这与英语中的"fabric"相对应。毫无疑问，这一发展无疑使"编织"的内涵扩大和丰富了，其最显著的特点便是"编织"不再只是手工艺的范畴，"编织"与建筑空间发生了某种关联。如今，编织的手法已广泛应用于许多建筑的表皮设计中，而且，编织已然成为建筑设计的一个重要组成部分，它不仅起着塑造建筑立面的作用，还起着形成与表皮肌理相关的结构作用。建筑中的编织表皮既有单纯的直接挪用，也有重构转化的编织表皮。按编织是否参与建筑表皮构造通常可以分为两种类型：一种是编织的表皮，即建筑师将传统手法的编织形式直接挪用到建筑立面上，形成各种编织肌理效果。这种编织手法今天多以金属编织网、金属丝网、金属拉伸网、板网为主要材料；另一种是重构的编织，即借鉴或模仿编织的手法，它是编织思维的拓展与延伸，是编织形态的演变和演化，作为拟编织或类编织的形式存在。

（一）编织的表皮

编织的表皮是一种基于编织形式的直接挪用，即借用"编织"手法，将传统编织中的天然材料替换成了金属或复合材料，以增加建筑表皮的丰富性、坚固度和层次感。"编织"的表皮不同于其他二维平面的墙体，是一种 2.5 维的有肌理起伏的表皮，是由线性材料构造出来的且具有相对丰富的视觉效果的墙体。这也是"编织"作为建筑表皮通常被视为一种有效方法的原因。"编织"的表皮可分为两种处理形式：一种是用金属网（板网型材）材料，另一种是设计定制的编织表皮。

目前，建筑外墙立面用金属网（板网型材）材料已经很普遍了，法国建筑师多米尼克·佩罗（Dominique Perrault）[15]率先创造性地将这种金属网材料引入建筑表皮领域。他在 1995 年设计建造的法国国家图书馆和 1999 年设计建造的德国奥林匹克自行车馆和游泳馆中都开创性地应用了大面积金属网。整体包覆金属网将建筑形体消隐，使建筑的形式更为统一纯粹，同时又形成了朦胧的视觉效果。法国阿尔比大剧院（The Albi Grand Theater）（图 3-8）是多米尼克·佩罗 2014 年设计完成的项目。建筑师采用了纱幔一般的红铜

图 3-8　阿尔比大剧院的金属网外立面（2014 年）多米尼克 · 佩罗（Dominique Perrault）

15　多米尼克 · 佩罗（Dominique Perrault）法国著名建筑师，1953 年生于法国科拉蒙特，曾获欧洲工业建筑大奖、法国国家建筑大奖、密斯 · 凡 · 德罗奖。

色不锈钢金属网来装饰建筑的立面，金属网效果看起来像是从剧院上披散下来的巨大幕布。编织的金属网包裹着建筑，除了起到遮阳功能外，还呈现了一种朦胧的视觉效果。巨大的拖洒而下的金属网如飘动的纱幔一般，传达了歌剧舞台帷幕的感觉，半通透的金属网将建筑实体轻遮于巨幕之下，包裹住剧院的功能空间，同时又不与外部空间完全割离，营造出建筑若有似无的感觉。金属网的朦胧质地可以过滤光线和抵挡风雨，而且金属网带来了更多视觉上的美感，通过光照的反射使建筑外观映射出铜的金属质感，远看熠熠生辉。这种特殊的材料质感不同于玻璃的朦胧，但又有金属光泽，给建筑带来了与众不同的视觉效果。

由美国纽约 SO–IL 建筑事务所设计完成的韩国首尔 Kukje 艺术画廊（Kukje Gallery K3）（图 3-9）[16]，是一个由金属"锁子甲"完全包裹的建筑，轻柔地坐落在场地中。建筑师用金属网呈现了一个柔软的、朦胧的建筑，建筑功能部分的体块完全笼罩在金属网的半通透表皮下，几何形体被柔软暧昧的外表皮所柔化。这层金属网表皮是由近 510000 个不锈钢环编织焊接而成的"锁子甲"，牢固却又柔韧，包裹着建筑不规则的几何形体。历史上，"锁子甲"曾被用作盔甲，它是由刚性的金属环相互编织连接而成，所以具有织物般的柔软灵活。"锁子甲"的特性为创造出能够适应任何起伏形状的强韧表皮提供了可能。在这个项目中，建筑师将这种材料嫁接到建筑的立面系统中，创造出了一种"模糊的""朦胧的"建筑体量。"锁子甲"构造的金属网细密、坚固而柔软，它包裹在建筑实体外，营造出建筑若有似无的感觉，赋予建筑模糊的、可多种解读的意涵。金属网通过反射光影的相互作用产生的波纹图案，在结构周围形成了一层扩散的效果。"锁子甲"表皮由 Front 立面工程公司和中国安平共同研究制作，这件由不锈钢环编织而成的无缝定制紧身"服饰"独一无二且不可复制，具体加工环节由中国安平的工匠完成。从材料和幕墙角度看来，这个项目的金属网表皮具有开拓性的设计意义，将会引领一场史无前例的"有氛围的"表皮的探索。

16　锁子甲，古代战争中使用的一种金属铠甲。公元前 5 世纪或更早，可能是黑海北部的斯基泰人首先发明了锁子甲。中国古代又称"环锁　　铠"。锁子甲属于软甲类，一般由铁丝或铁环套扣缀合成衣状，每环与另四个环相套扣，形如网锁。由西域传入中国，《晋书·吕光载记》　　描述此类铠甲"铠如环锁，射不可入"。

图 3-9 金属"锁子甲"包裹的韩国汉城 Kukje 艺术画廊（2012 年）纽约 SO-IL 建筑事务所

铝质拉伸网现在已经比较普遍地用作建筑外表皮材料，上海的龙美术馆西岸馆就是用这种铝质拉伸网作为表皮，外立面既统一又有肌理和透光的效果。瑞士巴塞尔展览中心新馆（Courtesy of Messe Basel）的建筑外立面是用了放大加渐变的铝质拉伸网表皮。这座展览馆由赫尔佐格和德梅隆建筑事务所（Herzog & de Meuron Architekten）[17]设计（图 3-10），三层的新展厅彼此堆叠，立面裹着一层亮白外衣——新颖的铝板拉伸网表皮是建筑的主要亮点。由编织思维演化而来的表皮，使得原本单调的建筑立面变得律动起

17 赫尔佐格和德梅隆（Herzog & de Meuron）事务所，瑞士建筑事务所，由雅克·赫尔佐格（Jacques Herzog）与皮埃尔·德梅隆（Pierrede Meuron）合伙创办，2001 年获普里兹克奖，代表作品德国慕尼黑安联足球场、中国国家体育场鸟巢、瑞士巴塞尔展览中心新馆等。

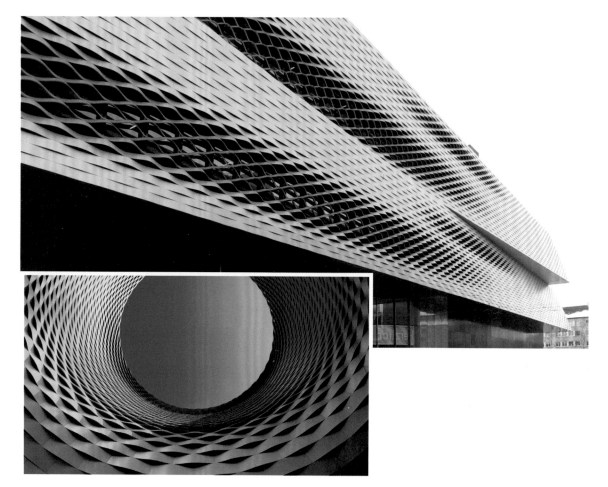

图 3-10　巴塞尔展览中心新馆的渐变拉伸金属网外立面（2013 年）赫尔佐格 & 德梅隆

来。建筑师通过类编织的高度方向渐变及线性干扰，实现多元的层次渐变效果。渐变翻起的表皮使大面积的立面富有肌理变化，上面的空隙还调节了自然光向紧邻区域照射。在兼顾形式与功能统一的前提下，设计师尝试将重构的编织作为建筑表皮，使"编织"表皮变成渐变的有肌理的表皮，在一定意义上实现了自成效果的拓展变化。在这个项目中，建筑师使用了定制的铝质拉伸网作为巴塞尔展览中心新馆的建筑表皮材料，让铝网成为建筑时尚的"半透明外衣"。铝网一体的颜色强化了体量堆叠之间的错动感，使得这个大尺度的建筑显得异常轻盈。

　　近年来，越来越多的建筑师将编织形式运用在建筑外墙立面上，拓展想象通过编织的表皮呈现一种特殊的肌理效果。伦敦盖伊医院（London

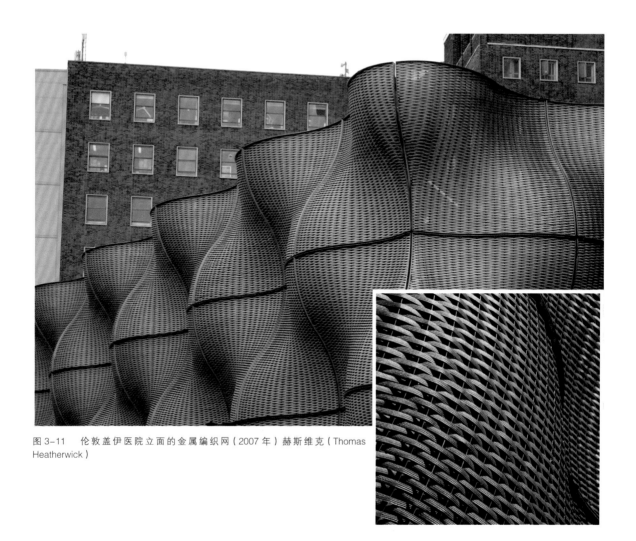

图 3-11 伦敦盖伊医院立面的金属编织网（2007 年）赫斯维克（Thomas Heatherwick）

Guy's Hospital）入口处改扩建项目的立面（图 3-11），则采用了一种特殊造型和肌理的金属编织网。项目由英国赫斯维克建筑事务所（Heatherwick Studio）[18] 负责设计，整体立面被 108 块起伏状的金属编织结构包围，充满波浪感。立面的起伏造型采用模块化的结构，即同一单元的正反连续复制叠加拼接，形成视觉上的波浪起伏。建筑师托马斯·赫斯维克（Thomas

18　赫斯维克建筑事务所（Heatherwick Studio）是 Thomas Heatherwick 于 1994 年成立的同名工作室，至今仍是英国最有原创力的设计工作室之一。Thomas Heatherwick 在他 30 岁出头时已被英国誉为当代达·芬奇，在世界各地都拥有大批追崇者。他设计了 2010 年上海世博会英国馆、2012 年伦敦奥运会火炬塔。

Heatherwick）在模块单元中使用了不锈钢的金属框架，利用这个金属框架作为造型结构，在框架上用特殊的类似"打包带"的金属编织线进行编织，呈现的效果犹如编织的巨型篮筐。每个方形的单元编织完成后，直接运到现场进行安装，按照矩形网格的划分进行拼接组装，组装完成后的立面呈现连续起伏的波浪状编织表皮，充满编织的肌理质感。这种编织肌理的立面处理方式，不仅以一种特别的视觉形象引导人们至医院入口处，同时还满足了建筑内部锅炉房的泄爆要求。

建筑师们都不约而同地挪用编织以营造丰富的建筑表皮效果，有的编织表皮通透、轻盈且具有纱幔的感觉，反映出网状编织的渗透性视效；有的编织表皮柔韧灵活，犹如无缝定制的紧身"服饰"；有的编织表皮肌理独特，呈现出富有韵律的编织质感。或许这就是建筑师们吸收编织作为设计手法，并将其运用到表皮设计中的缘由。他们借"编织"的语言和手法，勇于尝试各种材料的编织肌理效果，采用编织表皮与建筑形态相匹配的手法，通过创新的编织手法营造出令人为之震撼的"编织"效果，为"编织"在建筑领域的拓展应用开启了一种方向。

（二）重构的编织

重构的编织是指通过重新组织线性材料的构造连接方式，以达到对某种类似编织形式的象形重构。重构的编织是对编织手法、形式、形态的转译与利用，即借鉴模仿编织的手法，或运用编织的思维逻辑，生成一种拟编织或类编织的形式。与前面纯粹的直接挪用装饰性的编织表皮不同，重构的编织模糊了与结构的关系，并以一种更多元的编织形态参与到建筑表皮的建构中。编织重构的方法首先是依据编织结构中线性材料的组合特征进行模拟，然后基于对编织形式的解析与放大，提取编织形式特征的变化规律，最后从建筑尺度的线性材料出发进行二次重构，完成在建筑形态上的编织结构重建。相比挪用编织作为表皮的直接方式，重构的编织降低了重构样式与真实编织的吻合度，并客观地考虑了编织形式中所置换的建造材料的物理性能、构件尺度和搭接方式，实现以材料和结构为出发点，以编织为逻辑的构造，这在客观上有助于生成更富有结构逻辑的新形态，提高后续对材料力学性能计算的准确度，简化了烦琐的空间结构处理过程。

比如木构中的"互承结构"[19]就是编织思维衍生的一种木结构连接形式，属于编织的重构。"互承结构"又称编木拱、贯木拱，是线性木材相互支承的架构，是一种有编织意味的木构。《清明上河图》靠近画幅中央位置横跨汴河的那座大型拱桥，后世将其称之为"虹桥"[20]。宋代孟元老[21]在其撰写的《东京梦华录》[22]中对其形制有过准确、生动的描写："自东水门外七里曰虹桥，其桥无柱，皆以巨木虚架，饰以丹艧，宛如飞虹，其上、下土桥亦如之。"[23]虹桥所代表的木拱桥是中国特有的木拱桥，发明于 11 世纪，因文献记载虹桥是"以巨木相贯"，著名桥梁专家唐寰澄[24]将其命名为"编木拱"或"贯木拱"。据推断，虹桥长约 18—20 米，拱的结构由两个系统组成。最外侧的拱肋有长短各一的拱杆（系统一），以及三根长拱杆（系统二），这两个系统交替排列，总共 21 排，再由 5 根横木均匀地贯穿联合，拱杆和横木之间捆绑联结，再在上面横铺桥面板（图 3-12）。这种"编木拱"木拱桥，在世界桥梁史上也是独一无二的。现在浙闽山区还有一定数量的虹桥（廊桥）留存。

互承结构因其结构布置富有编织的韵律美，可以通过线性杆件之间的相互支撑解决弯矩传递的问题，并利用小尺寸的构件实现大跨度的结构，生成各种的形态，所以备受建筑师的青睐。第 34 届普利兹克建筑奖获得者、中国美术学院教授王澍一直致力于传统建造方式的研究实验，他在互承结构的研究上进行了长期的探索，并将互承结构的变化实验应用于相关项目实践中。如王澍设计的互承结构实验装置"衰变的穹顶"在 2010 年第十二届威尼斯建

19 互承结构，是一种线性木材构件相互支承的架构。互承结构（Reciprocal Structures）一词来源于英国建筑师格兰汉姆·布朗（Graham Brown），他在英国最早提出并发展了这种结构类型。一般来说，互承结构是指两个或多个的构件通过相互支撑，最终形成稳定的空间结构形式，随着基本单元的不断复制叠加，向着空间发展，从空间中可以推导出更多的形状，并获得新的几何布局。

20 虹桥：北宋建都在河南开封，开封市内有一条汴河，气势磅礴，贯穿全市，这座桥就架在汴河之上，故称汴水虹桥，如长虹卧波，古朴典雅。由于汴河是开封市的水路枢纽，北宋建都开封，故开封也称汴京。虹桥为单孔木拱桥，桥长 16.8 米，宽 4 米，是古代桥梁的杰作。造桥采用无支架施工法，没有榫头，不用钉子，全部用捆绑式结扎起来，连成一片。

21 孟元老，号幽兰居士，北宋东京开封府人，宋代文学家。曾任开封府仪曹，金灭北宋，孟元老南渡，常忆东京之繁华，撰《东京梦华录》，自作序。该书在中国文学史上有一定的影响。

22 《东京梦华录》是宋代孟元老的笔记体散记文，创作于宋钦宗靖康二年（公元 1127 年）。该著作追述北宋都城东京开封府城市风俗人情，所记大多是宋徽宗崇宁到宣和（公元 1102—1125 年）间北宋都城东京开封的情况，描绘了这一历史时期居住在东京的上至王公贵族、下及庶民百姓的日常生活情景，是研究北宋都市社会生活、经济文化的一部重要的历史文献古籍。

23 （宋）孟元老：《东京梦华录》，北京：中华书局，1959 年。

24 唐寰澄，中国现代著名的桥梁专家，1926 年出生于上海，1948 年毕业于上海国立交通大学土木工程系结构组，毕业后进入茅以升先生创立的中国桥梁公司武汉分公司，参与了武汉长江大桥的初步方案设计，著有《世界桥梁趣谈》《中国古代桥梁》等。

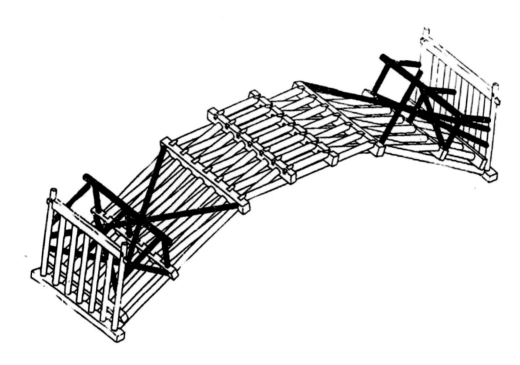

图 3-12 唐寰澄对虹桥结构的推测示意图

筑双年展上展出。其后，王澍在 2012 年杭州南宋御街博物馆（图 3-13）项
目中创造性地运用了互承结构的演化，如博物馆屋顶就采用了互承结构演变
的三维木格架拱形屋盖。连续曲面坡屋顶叠加在互承结构的双拱顶上，但整
体的结构应力落在拱顶的互承结构上。源于虹桥"编木拱"的互承结构在这
里得到了很好的发展。其拱形构造也是由拱杆的两个系统组成，这两个系统
交叉排列，组成一圈相互支承的斜梁，每根梁的内端头依次搭在下根梁上，
外端头则搭在支承结构上。将统一粗细的圆木料进行排列交叉作为线性杆件，
以杆件相互搭接支撑，形成大跨度的木构屋架，木料排列的结构构件布置富
有编织的韵律美。

　　日本建筑师隈研吾（Kengo Kuma）[25] 通过材料的应用和"编织"形式
的创新表达，以编织重构的形式创造了木质材料独特的视觉魅力。他特别强

图 3-13 杭州南宋御街博物馆（2009 年）王澍

调材料的结构特征，其格栅化表皮的处理方法被他称作建筑的"粒子化"，实际上是编织手法的运用与重构。在实践中，隈研吾更多的是将编织作为一种手法和思维，来探索建筑材料的本质和潜力，可以概括为"材料编织"的概念。他擅长利用"编织"手法处理建筑表皮，营造渗透性的结构空间，从而超越空间轮廓的内外分离，并利用编织的多层格栅和空隙打破围合感，重新定义编织的空间形态。位于日本东京南青山的微热山丘甜点店（SunnyHills at Minami-Aoyama）（图 3-14）就是这种手法的典型案例。隈研吾将 6 厘米见方的规格木料以日本传统"Jiigoku-Gumi"工法搭接组合成立体的框架，即沿用日式格子拉门中木条的接榫方式达到咬合的效果，因组装后便很难拆卸，所以这种独特的木构技术被隈研吾称为"地狱组"技法。在这个用木构编织表皮包裹建筑的过程中，使用了多达 2000 根截面尺寸为 6 厘米见方的小体积、耐震的桧木长条，长度在 1.3—4 米不等。经过斜向的编织榫接组合，

图3-14　东京微热山丘甜品店（2013年）隈研吾

木条立体地相互交织成网格，建造出了一个由细窄木条搭建而成的三维编织构架。这个以"Jiigoku-Gumi"工法搭接的木框架组合成三维交叉的构件，相互之间形成了 30 度角。外观"乱中有序"，看似编织交错但实际是交叉重叠，斜向交叉的木条编织是店铺立面的显著特点，这种源于编织思维的形态在这里转化成重构的交叉木条组合，在视觉上让人感觉到编织形式的存在。

如果说原先的"编织"表皮还只是将编织直接用于建筑立面的塑造，那么重构的"编织"在一定意义上实现了自成效果的拓展和衍生。由法国建筑师保罗·安德鲁（Paul Andreu）[26] 设计的苏州科技文化艺术中心（图 3-15）因其编织的立面被人称为"苏州鸟巢"。艺术中心的立面为复合幕墙系统，以钢材编织叠加为主要框架，其建筑的表皮也是编织的重构，创意来自蚕茧

图 3-15　苏州科技文化艺术中心（2007 年）保罗 · 安德鲁（Paul Andreu）

26　保罗 · 安德鲁（Paul Andreu，1938—2018 年），法国建筑师设计师，安德鲁的作品遍布世界各国，如法国巴黎拉德方斯的大拱门、中国广州新体育馆、中国国家大剧院、巴黎戴高乐机场、上海浦东新机场等，荣获许多国际建筑大奖。

的放大效应。外立面编织手法采用六边形双层铝合金挂板为基本单元，通过连续的几何叠加，丰富了外墙的质感和空间感。结合玻璃和金属网的使用，让光透过编织的金属网空隙参与到建筑的室内空间中，将金属网斑驳的投影印在室内的地上，呈现出变幻莫测的光影效果。从外观看，多层叠加的网状肌理将内部的功能空间包裹一体，悬挂在外面的金属网构成了建筑不同寻常的立面装饰效果，使艺术中心具有一种神秘感和特殊气质。同时，金属网还具有遮阳功能，节能效果与外观视觉可以很好地结合。

如今，建筑领域引入了大量编织元素，即便是硬质材料也可以通过编织手法营造出复杂的织物语言。编织结构为建筑表皮的装饰改变和功能扩展提供了灵活的选择，建筑表皮的编织实验探索也为编织自身带来了视域外的更多可能性。同时，线性编织在空间中所带来的韵律感、灵动感、线的穿插以及视觉和触感，跨越了手工艺和建筑的界限，使编织的审美体验转化到建筑形态中去。在当代建筑领域，编织的结构往往以引人注目的肌理外观呈现出具有时尚感的形态样式，编织肌理、网状立面和重构的编织语言给当代建筑设计带来了新的语汇和面貌。编织语言表现出的灵动感、韵律感和丰富肌理跨越了学科之间的审美界限，越来越多的建筑师似乎热衷于将编织的手法挪用到建筑设计中，并结合了高科技、新材料衍生出新的构造方式，向 20 世纪由砖石混凝土等沉重材料构成的建筑范式发起了挑战。编织语言正在改变今天的建筑形态，编织的运用对建筑和空间的塑造正拓宽着人们的视觉审美和空间感受。

三、结构形态的编织

编织可以通过改变线的组合方式来提高拉力和承载力，这是编织最重要的优点之一，也是编织广泛应用于许多领域的一个重要的力学特点，建筑中的"编织结构"的出现不只是对编织形态的表面模仿，而且是一种对编织结构有序的、积极的、创造性的拓展利用，它体现为一种发展与进化的编织体系。编织衍生的形态结构主要是索网结构、网壳结构、悬索结构（拉索结构），这些衍生的结构与编织本身既有差异，又有许多相似性。这些来源于编织的结构是对结构、组织和力学体系的拓展，编织衍生的结构体系通过变异与自然选择不断推陈出新，而建筑形态的出现和生成可能仅仅是以一种逻辑而非隐喻的方式依附于这一过程。

（一）索网结构

索网结构形式源于以前的"帐篷"造型，是由许多大小相等的网格编织组成的支撑结构。人类祖先在野外生存中都不约而同地以"帐篷"形式作为居所，以不同的材料扎制帐篷，发展到游牧时代，为了满足牧民在迁徙过程中的需要，一种更轻便的帐篷结构被发明出来，因为意识到搬运时减轻结构重量的重要性，这种进化的"帐篷结构"可以让牧民在迁徙过程中更容易携带和搭建。索网结构的选型是根据结构力学进行设计的，并形成了变化多样的形状。索网结构一般依靠刚性构件或从锚节点的柔性边缘施加预应力，使其表面处于反向的弯曲状态。

索网结构建筑是在工业革命后现代建筑大发展的背景下孕育和诞生的。20 世纪五六十年代，德国建筑师弗雷·奥托（Frei Otto）[27] 开创性地将索网与膜材结合起来，形成了一种新的轻型建筑形式。这些带有索网结构的建筑在形式上也极具创新性，可变的支撑结构和柔性膜材料实现了力和形状的平衡，呈现出一种特殊的结构之美。奥托最著名的作品包括他为 1972 年慕尼黑奥运会设计的慕尼黑奥林匹克公园主体育场、1967 年蒙特利尔世博会的德国馆，以及 20 世纪 50 年代为德国联邦展览所做的一系列索网结构建筑。奥托将新技术、新材料和编织技术应用于其建筑中，创造了许多不同形式的索网结构建筑。在 1967 年加拿大蒙特利尔博览会德国馆（图 3–16）的设计中，奥托用八根不同高度的桅杆支撑，形成一个连续的索网帐篷。其中最高的桅杆为 37 米，每个帐篷的高脊处设置了绳索和绳圈形成"索眼"，将荷载由巨大的绳网传递到支撑的桅杆柱上。整体结构采用金属丝绞合形成的镀锌绳索，长达 42000 米的绳索用交口夹连接起来，形成面积巨大的索网。悬挂在索网下方的隔膜为帐篷提供了一种特殊的空间感。隔板由透明材料制成，外面覆

27　弗雷 · 奥托（Frei Otto，1925—2015 年），德国著名建筑师、工程师，2015 年获普利兹克奖。代表作品蒙特利尔世博会的德国馆、慕尼黑奥林匹克体育公园主体育场，其设计以可持续、轻型、灵活的结构闻名于世。

图 3-16   加拿大蒙特利尔博览会德国馆（1967 年）弗雷·奥托（Frei Otto）

盖着由聚酯纤维制成的防火涂层，使帐篷内的光线变得柔和，奥托将这种帐篷称为"云景般柔和的屋顶"。德国馆整个索网结构屋顶的覆盖面积达到了 8000 平方，是当时世界上最大的均网格索网结构，它将索网结构轻盈的感觉发挥到了极限，使这个建筑建在成之初便获得了极大赞誉。

真正让奥托声名鹊起的是他在 1972 年设计建造的慕尼黑奥林匹克体育场（图 3-17），这是奥托最经典的索网结构建筑，也成了奥林匹克建筑的典范。奥托开拓性地使用了更轻型的拉膜结构。令人惊叹的是，面积足有 8 万多平方由膜材料建造的帐篷式屋顶仅靠 50 根钢丝吊起，被看作是世界建筑史上的一项奇迹。主体育场屋盖结构为典型的悬挂式索网结构。奥托通过研究索网结构的曲率特性以及风振对建筑物稳定性可能造成的影响，将屋顶区域划分成几个巨大的马鞍形弧形网，这些弧形网由边缘施加缆索进行支持与连接。索网悬挂在立柱顶部或安装在钢索上。索网结构的应用极大地提高了屋

图 3-17　德国慕尼黑奥林匹克体育场（1972 年）弗雷·奥托（Frei Otto）

顶形态的灵活性，屋顶可以做成各种预设的形状，使奥林匹克公园内的景观和建筑与连绵起伏的索网结构屋顶达到一种完美的协调。在奥托的精心设计下，如此大体量的建筑呈现出轻盈透明的效果，桅杆、缆索和网格等刚性部件暴露在游客面前，不仅不会产生凌乱的感觉，而且以其系统的受力体系、优美的边缘弧线和拉伸的结构杆件，给观者带来力量的平衡之美。和以前传统的体育馆建筑很不一样，慕尼黑奥林匹克体育场完全打破了那种封闭、严肃的体育场特质，这种开放的、流动的空间造型赢得了广泛的赞誉。在 2002 年的德国建筑杂志 Hauser 举办的一次投票中，这个外形壮观的体育场被评为德国最佳建筑，超越了科隆大教堂和包豪斯校舍。

（二）网壳结构

网壳结构是一种与编织网架类似的空间杆件结构，以杆件为基础，按一定规律编织组成网状的空间构架，属于编织形成的拱结构向三维的拓展。网

壳结构的原理是将许多杆件编织成网状，通过杆件的弯曲和网格角度的变换
来完成变形，并最终形成稳定的复杂拱结构。与索网结构不同，网壳结构的
基本力学单元不是常见的拉索，而是受压杆件。具体而言，通过将杆件沿着
某个曲面规则排列而形成空间编织结构体系，由内部相交杆件的编织生成壳
体结构。作为一种典型的编织拱结构，合理的网壳曲面可以使结构受力均匀，
具有刚度大、变形小、稳定性高的特点。网壳结构兼具杆件结构和薄壳结构
的特点，通常可以形成较大的跨度，能够以较小的表面积覆盖较大的空间。
较早的网壳结构建筑是 1967 年加拿大蒙特利尔世博会上的美国馆，人称"富
勒球"，因为这个网壳球体的设计者是美国建筑师巴克敏斯特·富勒（Richard
Buckminster Fuller）[28]。它是当时世界上最大的网壳球体建筑，直径 76 米，
由三角形金属网状结构组合而成。富勒把球面剖分成密集的多边形网格，多
边形的一边是一小段坚固的金属杆，每根短杆是球面上两个邻近点之间连成
的直线段，它可以近似地代替沿球面连接这两点的最短弧线。所有这些金属
杆连接得到的编织线网，组成一个超大的镂空球面。对于空间网壳体系而言，
这种编织形式的三维网壳不仅是一种基于结构应力作用下的网格编织体系，
而且还构成了建筑的空间形态。

除了典型的球形或拱形网壳结构之外，还有大量的网格结构体系。由于
曲线在编织过程中的规律性变化，每个交叉点的空间坐标是不同的，称为空
间多向网格体系，如德国柏林 DG 银行中庭屋顶、伦敦韦斯特菲尔德购物中
心、上海世博会阳光谷等都属于这类网壳结构。奥托设计的德国曼海姆多功
能大厅（图 3–18）是大尺度网壳结构中真正的奠基之作。有人将曼海姆多功
能厅的屋面称作"世上最复杂的简单屋面"，连绵起伏的网壳屋顶覆盖了总
共 7500 平方的无柱空间。在施工过程中，网壳屋盖采用了截面为 50 厘米见
方的铁杉木条，以边长 50 厘米的网格为单元，用螺栓连接并可以自由旋转，
形成一个约 40000 个单元、上下两层的巨型网格结构。在建造过程中，将网
架结构分为多个边长尺寸为 9 米的大方格，每个网壳结构的大方格由脚手架
系统提升至空中，木网架在顶升过程中根据受力情况产生相应变化。在调整

28   巴克敏斯特 · 富勒（Richard Buckminster Fuller，1895—1983 年），美国建筑师，被誉为建筑界奇才，代表作品：1967 年
蒙特利尔世博会美国馆。

图 3-18 德国曼海姆多功能大厅（1975 年）弗雷·奥托（Frei Otto）

并呈现出理想的曲线形状后，用螺栓固定连接木条，从而形成预设的曲面屋顶。曼海姆多功能大厅的屋顶在网壳结构的生产和组装中采用了构件工厂化生产和现场组装的方法，以最大限度地减少施工过程中的人员和材料浪费。大厅的网壳结构采用了相同的木杆元件生成复杂空间的编织结构，可以说是弗雷·奥托对更"纯净"结构的追求。

日本建筑师坂茂对于轻型的编织形态的网壳结构也同样富有兴趣。2000年德国汉诺威世博会上，坂茂与弗雷·奥托为日本馆设计的纸管拱形穹顶吸引了全世界的关注（图 3-19）。这栋拱形展厅占地 3015 平方，高 16 米，是坂茂最大的纸管建筑，又称纸管结构 13（Paper tube structure 13）。纸管的应用不仅切合汉诺威世博会的环保主题，同时也体现了日本独特的传统。日本馆的内部空间非常简单，但是其纸管编织的屋顶却极其复杂。这个自承重式网壳结构的拱形屋顶还呈现波浪状的起伏变化，远看像是民间的竹编

图 3-19 2000 年德国汉诺威世博会日本馆（2000 年）坂茂（Shigeru Ban）和弗雷 · 奥托（Frei Otto）

鱼笼。但是，建造一个 3000 平方的展厅比编织一个几十厘米大小的鱼笼要难得多。日本馆的网壳结构屋顶最终使用 440 根直径 12 厘米、长度 40 米的纸管，通过交叉编织形成拱形结构。网壳结构在很大程度上减轻了结构的自重，并使穹顶表面的应力更加均匀，从而形成更大的跨度空间。在网壳结构的基础上，随着技术的不断进步和发展，人们以编织为结构理念不断探索和研究新的更合理的结构形式。

（三）悬索结构（拉索结构）

悬索结构顾名思义是指以柔性拉索或将拉索按照一定规律组织成的索网来直接承受荷载作用的结构，可以说悬索结构是线的艺术。从编织的角度看，悬索结构中的柔性拉索就是用作承受轴向拉力的线，拉索可以由钢丝束、钢丝绳、钢绞线、链条、圆钢以及其他受拉性能良好的线材构成。拉索的空间布置组合是结构与艺术的结合，可以利用拉索形成极富韵律的线的空间节奏，所以，从造型的视角研究悬索结构（拉索结构）就是研究线的艺术。

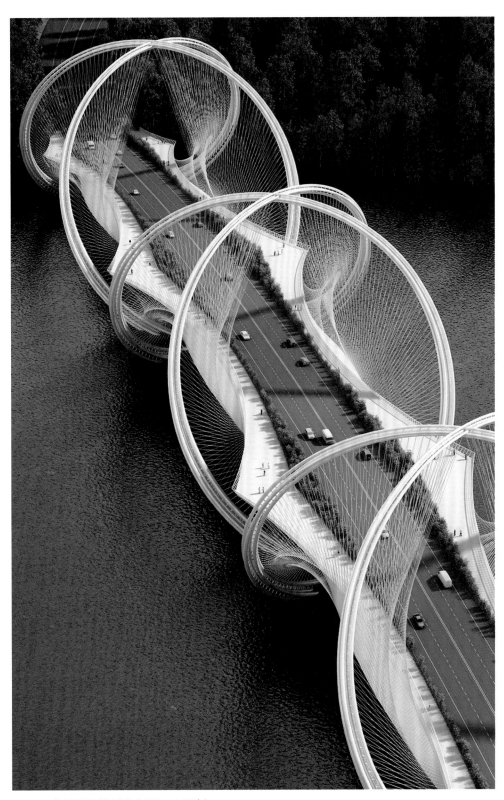

图 3-20 北京五环廊桥（槃达中国 Penda 设计）

　　悬索结构按悬索受力状态分成平面悬索结构、空间悬索结构和斜拉索结构。平面悬索结构与索网结构类似，空间悬索结构是一种处于空间受力状态的缆索结构，主要用于大跨度的屋盖结构。悬索桥或斜拉桥是指以通过索塔悬挂并锚固在两岸（或桥两端）的缆索（或钢链）作为上部结构主要承重构件的桥梁。斜拉索结构主要用于斜拉桥和斜拉索屋盖，用来减小桥面或屋面结构构件的承重，以满足整个结构的大跨度要求。缆索的几何结构由力的平衡条件决定，通常接近抛物线，与缆索形成组合体系，以减少荷载所引起的挠度变形。

　　斜拉索是由于拉索系倾斜放置，故称斜拉索或斜索。斜拉索主要用于桥梁和体育场馆建筑。斜拉索桥又称斜张桥，是将主梁用许多缆索直接拉在桥塔上的一种桥梁。它是由承压的桥塔、受拉的缆索和承弯的梁体组成的结构体系，以线性的拉索代替支墩形成大跨度结构。由槃达中国（Penda）[29] 设计的北京五环廊桥（图3-20）就是采用类似DNA的双螺旋的斜拉索桥。五环廊桥的形式设计由构成的奥林匹克标志的五环衍生而来，结合考虑了项目周边起伏的山峦环境。大桥的主要结构设计为一系列环环相连的圆环，圆环元素取自奥运的五环，表示五大洲团结融洽。圆环串联组成景观桥主要的结构造型，圆环中间的桥面设置拉索将桥面吊起。桥面长452米，主体结构由三组交叉的拱形钢结构圆环连接而成，最大跨度95米。圆拱结构序列形成了一个具有预应力的双螺旋结构，在各自的顶部和底部交叉支撑，这种双螺旋结构使其比传统箱型梁桥可以减少80%的用钢量。桥面通过高强度钢索悬吊在钢结构圆环内，钢索与拱结构相互交叉连接。牵拉的钢索形成极富韵律的线性排列，优美地跟着圆环拱形钢结构起伏旋转，钢索构成的波状表面围合成大桥的内部空间。五环廊桥是斜拉索结构的优美体现，拉索形成的线的序列在空间中排列呈现出极富韵律和节奏的美。

　　以编织思维设计的世界上第一座双螺旋人行天桥是新加坡双螺旋桥（Helix Bridge）（图3-21），其造型结构同样类似于人类基因"DNA"。

29　槃达中国（Penda China）建筑事务所，位于北京市海淀区，成立于2013年，由孙大勇和万书言创建，是立足北京，以创新为宗旨的，具有国际影响力的建筑事务所。

图 3-21　新加坡双螺旋桥 Helix Bridge（2010 年）COX 集团、ARUP 公司和 Architects61 公司

它由两条方向相反的主钢索环绕交织而成，造型新颖绚丽，采用不锈钢管建造。两条螺旋曲线相互交叉缠绕，形成了桥梁的核心结构。桥全长 280 米，宽 6 米。双螺旋中的内螺旋用于支撑遮阳的多孔玻璃和不锈钢网状天篷。这种双螺旋结构为线性管子交叉编织的筒形造型，视觉上富有美感，结构上也轻巧牢固，从工程成本上来看，对于 280 米长的桥梁，双螺旋结构的用钢量是传统箱梁桥的五分之一。事实证明，双螺旋结构是一种高效且令人兴奋的形式，它形成了一种动态的空间体验，结构类型也被证明是非常有效，其编织形态是一种理想的设计方式。悬索结构或拉索结构的拉索如果设计巧妙，又能与结构功能吻合，将使造型富有线的韵律美。如连接西班牙和摩洛哥的直布罗陀海峡桥的其中一个悬索桥设计方案（图 3-22），设计师也是采用编织形式的空间悬索结构，使大桥的设计造型富有想象力。悬索结构的选型多数是基于结构的考虑，如从编织的层面讨论空间悬索的形态变化，拓展其在美学上的形态意义，使空间悬索的结构形态更富多样化。

对于结构形态的编织而言，最重要的是生成一种以编织结构为主线，结构进化、材料轻质、建造简便以及功能适配的形态语言。编织衍生的结构系统——索网结构、网壳结构、悬索结构等柔性结构体系，具有形态轻盈、结

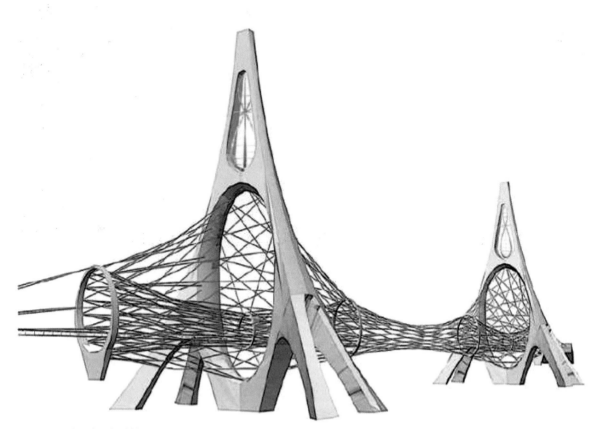

图 3-22   直布罗陀海峡大桥方案

构优美的优势，给建筑带来了轻型的结构导向，这些结构的出现不是对编织
形态的表面模仿，而是一种线性结构有序的逻辑重构，它体现为一种发展与
进化的理念，由此创造出复杂多变的空间形式和结构形态。结构形态的编织
所进行的线性要素的逻辑组合既能发生在建筑系统之间，也能反过来运用在
编织的创作中，并具有导向艺术领域的潜能。基于这些融通的可能性，结构
形态的编织不再只是编织的简单放大，而是以富有逻辑的编织语言参与到空
间的结构塑造中，实现更广泛的形态可能性。建筑领域的编织所产生的创新
活动，通过策略性地将编织的手法技术性地转化为另一种尺度和条件下的结
构形态，从而实现结构形态的多元创新。

四、编织的空间诗学

编织之于建筑，是否能带来一种别样的空间诗学？探讨这个问题，可能首先要从空间诗学的本身入手。诗性是人的生存的理想状态，法国学者加斯东·巴什拉（Gaston Bachelard）较早提出了"空间诗学"这一概念，他在1957 年撰写的《空间的诗学》[30] 这本著作中，从现象学和象征主义的角度，对建筑空间展开了独特的思考和想象。巴什拉认为，空间不只是物体的容器，而且是人类意识的居所，建筑学是栖居的诗学。诗学空间讨论的是一种状态、一种场景、一种合乎并满足人需求的场所；诗学的空间形态应该是一种自然的、温暖的、熟悉而不触目的空间状态，它根植于场所，来源于日常记忆，寄托着情感，更蕴含着希望，它是人和空间场所之间关系的链接。巴什拉的"空间诗学"赋予空间以生命的意义，使空间在具备容器的物质功能的基础上，兼具人性的诗意价值，成为人类意识的栖息地。

巴什拉认为我们周围的空间不是单一的、均质的，而是存在着多种异质空间的可能性。编织形成的空间相较于常规意义中的建筑空间，可以归属为异质空间。许多设计师意识到，线性材料和结构逻辑的丰富特性可以提供丰富多样的形态语言，为设计带来新思路。因此，一些建筑师也开始有意识地选择和使用线性材料作为创作元素，通过编织手法，将线以各种方式形成逻辑的或有组织的空间形态。由线条编织构成的作品通过线的穿插编织分割了空间，形成了丰富的立体视觉体验，为观者提供了丰富的想象空间。编织不断渗透到各个领域，并融入艺术设计创作中，展现出了特殊的视觉张力。

（一）放大的编织

建筑中的编织不同于手工艺的编织，这是由建筑本身的尺度和体量所决定的。建筑形态的编织基本都是形式刻意放大的编织，一种是放大建筑编织用的线本身，另一种是放大建筑编织的缝隙。放大的编织使建筑形态呈现出有序的肌理，使建筑表皮的视觉效果更加丰富有层次，比如呈现为巨大的

30　《空间的诗学》The Poetics of Space，法国哲学家加斯东·巴什拉创作的哲学著作，初版于 1957 年。此书从现象学和象征意义的角度，对建筑展开了独到的思考和想象。作者认为，空间并非填充物体的容器，而是人类意识的居所，建筑学就是栖居的诗学。

篮筐或包裹了网状物等形态。如 2008 年西班牙萨拉戈萨世博会（Zaragoza Expo 2008）上的阿拉贡馆（图 3-23）就是个放大的"竹篮"。展馆建筑外形像三根 7 米高挑空"大柱子"支起的一个"巨大竹篮"。建筑师取西班牙阿拉贡地区传统编织工艺作为建筑造型，以建筑的尺度、新型的材料工艺来表现编织工艺而"哗众取宠"。

编织的放大不仅是单元尺度的放大，同时也结合材料的置换。俄罗斯圣彼得堡的"铁 1（Ferrum 1）"办公楼（图 3-24）是用耐候钢编织作为立面的建筑，由德国乔班沃斯建筑事务所（TCHOBAN VOSS Architekten）设计。大楼立面醒目的锈红色和清晰的编织纹理赋予了建筑惊人的外观，表皮材料和形式是建筑最重要的元素之一，成为立面设计的焦点。办公楼的名字

图 3-23　西班牙萨拉戈萨世博会阿拉贡展馆（2008 年）

"Ferrum"在拉丁文里意为铁，是对立面建造材料的一种阐述，也是对项目所处地块的工业化历史的呼应。富有雕塑感的起伏立面是依照编织的经纬结构还原放大建造的，呈现出一种连贯、动态且有机流动的松散织物感。锈红色的立体条纹在水平（纬线）和垂直（经线）方向布满长方形的建筑表面，以扁平和凸起的模块交错出现，强化了立面的编织视觉效果。从侧面看去，水平纬线有规律地间隔挑压垂直的经线。从转角处望去，放大的编织外墙使人过目不忘，正所谓"铁锈在外，编织成墙"。

编织的放大实现了器物造型向建筑形态的尺度转换。2021 年新完工的第十届中国花卉博览会中的竹藤馆（图 3-25）看上去像是由竹藤编织放大而成的巨大装置。设计师将方寸之间的、小尺度的器物编织，转换成了一个跨

图 3-24　俄罗斯圣彼得堡的 Ferrum 1 办公楼（2021 年）TCHOBAN VOSS Architekten

图 3-25　第十届中国花卉博览会竹藤馆（2021 年）华建集团承建

度 30 米的永久建筑，实现了器物造型向建筑形态的尺度转换。竹藤馆采用了
一种非常规的交叉编织单元，形成逐渐扭转的三维编织形态，使编织曲面具
有强烈的立体感与丰富的光影效果。竹藤馆的编织曲面是竹与钢结合的三维
立体编织，利用参数化设计，以一种交叉编织单元沿曲面逐渐扭转，形成具
有空间变化与强烈光影效果的编织构造。竹藤馆的编织结构表皮采用了"竹钢"
为材料———一种高强度的竹基纤维复合材料，具有延展性强的特点，材料外
观上具有竹纤维的质感。竹藤馆由施工人员手工层层编织而成，建造方式上，
选取 30 毫米宽、5 毫米厚、2.5 米长的竹钢片单元，在双层索网之间垒叠成
竖向带状的线，曲面展开方向则沿钢索拼接成与之等长的"经纬线"。同时，
每条"经纬线"采用双层竹钢板平行排列，间隔设置加固条，交叉节点处开
企口固定，完成两个方向竹钢片与索网连接节点的咬合固定，形成一体化的
建构表皮，编织的空间产生光影和肌理，极富有美感。
　　日本建筑师坂茂善于将编织语言放大，用编织的大木构建造大型的公

图 3-26　法国蓬皮杜中心梅斯分馆的编织木构（2010 年）

共建筑。2010 年坂茂设计的法国蓬皮杜中心梅斯分馆（Centre Pompidou-Metz）（图 3-26）竣工，坂茂设计创造了一个以木框架编织形成的巨型六边形"草帽"屋顶。该建筑采用大型的双曲面网格木屋顶，整个木屋顶边长 90 米，编织木构的整体面积达到 8000 平方。坂茂说，梅斯分馆的灵感来自中国的竹编帽子——编织的竹子构成了帽子的主要结构，结构上覆盖一层油纸用于防水，且可以隔热保温。这部分主体结构是由复合层压木材编织而成，上面覆盖着一层白色玻璃纤维膜和经过防火涂层处理的特氟龙。梅斯分馆硕大的木构屋顶采用的是一种胶合层叠木材，这是一种横向和纵向编织成的木网架，可以形成更大的跨度和弯曲度。巨型编织木构采用数控铣床技术，精确制作了近 1800 根胶合木梁，每个结点处是两对木梁交叉，木板头尾相接，采用金属节点，以一种类似于"木栓"的连接方式连接。木构的大尺度编织结构塑造出大屋顶的造型，结合朦胧透光的屋顶，以一种独特大胆的方式展

图 3-27　瑞士斯沃琪 & 欧米茄园区巨型编织木结构屋顶（2019 年）坂茂

现了编织的形式美。

　　在过去二十年里，坂茂在运用编织技术放大、设计和建造大型木构方面取得了显著的成就。从蓬皮杜梅斯中心开始，编织的网状木结构屋顶的运用带来视觉的新变化，他的兴趣逐步转向尺度更大、技术难度更高的大木构建筑。2019 年完工的瑞士比尔的斯沃琪 & 欧米茄园区（Swatch and Omega Campus）（图 3-27）是迄今为止坂茂设计完成的体量最大、类型最丰富的木结构项目。大楼外壳是网壳状的巨型木结构屋顶，蜿蜒如蛇形，总长 240 米、宽 35 米、高 27 米。这个巨型木结构屋顶由 4600 个独立木制构件拼接组成，整个网壳建筑中没有形状完全一样的构件，全部都是单独生产，组装过程则类似榫卯结构，需要巧妙地搭配组装。

　　如果要评选体量最大的编织结构建筑，那肯定是赫尔佐格和德梅隆（Herzog & de Meuron）设计的中国国家体育场"鸟巢"。"鸟巢"建筑面

图 3-28　鸟巢的"钢构零件"特写（2008 年）赫尔佐格和德梅隆（Herzog & de Meuron）

积 25.8 万平方，是中国的十大标志性建筑之一。"鸟巢"是当代利用编织手
法设计的最有代表性的建筑案例。"鸟巢"的编织表皮就是自身的结构，表
皮与结构是同一的。线性的钢结构相互穿插编织，汇聚成网格状的围合空间。
通过编织营造的建筑外观看起来杂乱无章，但事实上，是根据结构、荷载传
递和空间规律由参数化设计合理安排的。主体结构被整合成一体化的编织结
构，由 24 根主柱和 48 根旋转编织主梁构成。每根三角柱在外端与两根主梁
相交，并继续向外和向下延伸，形成主柱的两根"外柱"，另一根垂直内柱
位于相交点并直接支撑两根主梁。所有构成网格的构件，即编织"鸟巢"的线，
不论是主结构、次结构，其截面尺寸均为 1.2 米见方（图 3-28），可谓"以
梁成线"，编织结构的整体尺度巨大。巨型钢结构编织形成了国家体育场的
外观表皮，线网中大部分是直线贯通或近似直线贯通，整体犹如编织形成的
巨型"鸟巢"。赫尔佐格和德梅隆一直坚持建筑表皮与结构形态的综合试验，

在许多项目中结合运用了编织的语言，赫尔佐格曾经说过，"我个人被服装和纺织品所深深吸引。我母亲是一个裁缝，身边总是围绕着纺织品原料，我被它们所吸引"。"编织"手法的放大使用，使"鸟巢"具有了独一无二的造型形态。

建筑中的编织因建筑自身的尺度而被加以放大，放大后的编织结构远看仍是编织的手法与形式，呈现编织特有的肌理效果。但当你走近建筑中的编织，或者你置身编织结构中之时，你会感觉仿佛自己是微缩了的小人，在一个编织器物中游走，抑或在编织的线条空隙间穿行。这时，"编织"已不是常规工艺范畴的编织了，编织因着建筑的尺度而改变，这种改变不是简单的形式的放大，"编织"成了构造空间的结构，"编织"的经纬线可能是梁是柱，也可能是结构框架，"编织"的空隙可能是窗是门洞。藉由编织的尺度放大，在建筑的编织空间中，可以感受到一种你无法在手工艺尺度如编织的篮筐器物中所能想象的空间体验，就像你无法拿着一只竹篮去想象"鸟巢"的巨构空间一样，这也许是编织在建筑领域所独有的、放大的空间诗学。

（二）空隙与光影

众所周知，编织因线的交叉会产生许许多多的空隙孔洞。编织不同于其他表皮，它是一种由线组织出来的产物。当我们研究"编织"时，无法回避和忽视编织的孔洞。用相对规范的术语，这些孔洞可以统称为"空隙"，"空隙"应该说不是一个抽象的概念。在研究编织的空隙与光影时，为了更好地反映两者之间的关系，有必要仔细分析"空隙"的特征和内涵，建立起不同"间隙"差异的缘由。当然，编织形成的"空隙"并不是一个空洞的概念。实际上，它是一个微小或微型的空间，一个"interspace"的概念。这个空间包含空间形状和大小的差异。不同的编织形式带来"空隙"的各自差异。这种差异反映在编织中，便会有不同的肌理变化。一方面，编织是通过线条的组织形成面片，面片由线条和"空隙"共同组成。不同形式的编织会产生不同的"空隙"大小，也就会出现不同的视觉半透明性。比方说，如果其中一个采用"十字纹"的编织方法，另一个采用"人字纹"的编织方法，那么最终产生的孔洞将不同——孔洞的大小和形状不同。可以说，"空隙"的变化是随着编织形式的不同而变化的。因此，将"空隙"的各种变化统一归结为编织手法或

图 3-29 东京南青山微热山丘甜品店室内的光影

形式的差异，是探寻编织本质的客观需要。

许多建筑师都刻意将编织的"空隙"运用到建筑设计当中。日本建筑师隈研吾强调材料的结构性特征，这种处理方法可以概括为"材料编织"的概念。隈研吾虽然没有提到织物的概念，但他对织物表达的热情可以从他对作品和建筑表达的描述中看出。他曾说："我希望用一种有机模式传达出羊绒面料的柔软感。"其木构蜂窝状的装饰就是模仿了织物的纹理。线性要素的编织连接形式和存留的"间隙"符合织物的物理特性。可以看出，隈研吾设计理念的来源与编织密切相关。隈研吾认为材料与空隙如果以合适的方式组织起来，并产生结构性的肌理空隙，可以使建筑的表皮肌理富于变化，并由此与环境产生光影交换而形成多样的视觉效果。例如，隈研吾的建筑表皮多使用条状材料，通过累叠营造出肌理与空隙，形成建筑表面的凹凸感。当线条的编织形式取代了墙体的块状和板状时，设计师改变了编织形式的比例关系，为建筑留有足够的间隙来"呼吸"，以避免出现过于密集的肌理。如东京南青山微热山丘甜点店的设计，用斜向交叉的木格一根一根立体地构造而成。同等宽度的木料彼此交错搭建成网格，交叉的木条形成有序的间距和空隙，木网格让阳光自然地照射进室内，形成不同时间的光影变化（图3-29），同时还提供了必要的私密性。小尺度的木构单体元素组合成了半通透的立面，形成特殊的光影效果，创造了一个柔软、自然的，光影多变的空间氛围。从视觉和社会角度来看，这座建筑夸张的立面具有自己的独特性，给社区带来了活力，是一座温暖有趣的建筑。

很多建筑师都迷恋"编织"带来的光影变化，法国建筑师让·努维尔（Jean Nouvel）[31]设计的阿联酋阿布扎比卢浮宫（Louvre Abu Dhabi）就呈现了利用拟编织的网格化穹顶达到光与影的完美结合——"阳光如雨水般从屋顶倾泻而下"（图3-30）。巨大的形似飞碟的圆形穹顶是整个建筑的亮点，外观肌理非常惊艳，穹顶直径跨度达到了180米，由7000多吨的钢材编织组合而成。这个以阿拉伯传统图案发展而来的编织穹顶由将近8000颗金属星星构件构成，当阳光穿过穹顶"空隙"时，光线如同雨点般在建筑内部的墙上和地面上，留下斑驳的光点，在建筑空间中造就了一番"光之雨"的惊艳景观。走进室内，人们立刻会被那些斑斓的光束击中。光线从错综复杂的网格中透过，给予美术馆独特的光照效果，用设计师的话说，"这仿佛是与外界进行着呼吸"。

阿布扎比卢浮宫利用屋顶编织的"空隙"营造出"光之雨"效果，诠释了什么是空隙与光影之美。多层晶格状结构编织成的穹顶既是一种对传统阿拉伯建筑肌理的映照，也是建筑师努维尔许下的"阳光如雨水般倾泻"愿景的呈现。圆形穹顶由8层结构编织组成。星状结构在每一层重复，同时遵照同一种逻辑将每一层缩放、旋转，增加对复杂性和随机性的感知。圆顶的复杂图案是严密的几何计算设计的结果，该结构由8个不同大小和角度的叠加层重叠而成，它包含4个不锈钢外层、4个铝制内层，中间由5米高的钢架进行整合，每一束光线都必须穿透8层后才会消失。努维尔专门设计限定不

31   让·努维尔（Jean Nouvel），法国当代著名建筑师，2008年获普利兹克奖，代表作品巴黎爱乐大厅、巴黎阿拉伯世界学院、阿联酋阿布扎比卢浮宫。

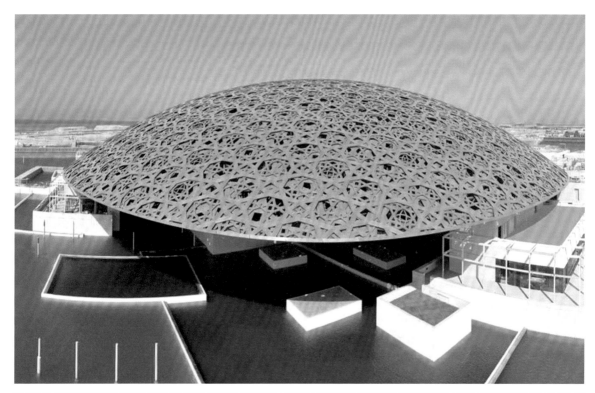

图3-30　阿布扎比卢浮宫的"光之雨"（2017年）让·努维尔（Jean Nouvel）

同区域透射水平,以控制影响室内展馆的亮度分布。设计师通过限定骨架覆层来实现不同的透射程度,借助工具自动调整覆层的厚度获得了所需的透明度,最终穹顶使用了10968个独立组件,7850个星构单元,总重超过7000吨。白天,光线会随着一天时间的变化而变化,产生一种光影变换交织的视觉效果;到了晚上,它又会形成7850颗"星星",在展馆内外灵动切换。穹顶上的孔洞除了带来光影变化和强大的美学吸引力以外,也使展馆室内的光线和温度得以调节,避免游客在夏季觉得炎热,减少了建筑物自身的能源消耗。

总的来说,"空隙"是一个具体的概念,它与"编织"的手法形式、线的疏密密切相关,编织的"空隙"与"光影"息息相连。借由编织的"空隙",我们可以探讨编织的"半透明性"带来的"光影"变化。编织中线与线相交留下的"空隙"使编织具有一种"半透明性",而"空隙"的形成与编织的方式有关。因为编织方式的不同可以控制"空隙"部分的大小和形状,所以当我们决定采用哪种编织方法时,"空隙"与"光影"将会自然而然地受到影响和约束。它不仅包含各种比例数值的差异,还对应于"光影"的不同效果。这一概念的意义在于,通过对"空隙"差异的适当归类,以及在此基础上做一定的研究和讨论,能够为建筑编织的"空隙"与"光影"研究创造数理分析的角度和视觉感官对应的条件。

建筑编织的"空间诗学"包含着两方面内容:"空间"和"诗学"。"空间"所强调的编织不是简单的二维平面的编织,是具有空间结构和空间形态的编织;"诗学"所指强调的编织是有美学层次和意涵的,编织的诗学是与社会、人文、历史和艺术等诸多因素掺杂在一起的……另外,由于编织是构造的诗学,它要求人们回到编织的结构问题上来,这里的"结构"不仅包括结构、材料和工艺等物质层面,还包括形式、功能和使用以及与之相关的社会、经济和文化层面。空间诗学中的编织不仅体现在空间形态与结构方式的衍生上,也体现在建筑的人类学和社会学层面。前者是营造空间的必要手段,后者则定义了社会性的生活场所。所以,我们不仅要了解编织在建筑领域的具体手段和技术方法,还要了解编织作为一种空间诗学所产生的深层次的人类学经验。

作为一种建筑形态的编织,不管是从材料出发,还是表皮形态或结构形态的编织,其营造的空间诗学,都离不开"编织"于建筑领域的在地性。建筑的编织已不再只是一种手工技艺,这里的编织是与建筑尺度、体量、材料、结构和空间相融合的编织。编织是建筑形态的一种修辞手法。编织在建筑中的运用，上升到与表皮肌理、材料构造、空间形态和结构逻辑等要素的关联，"编织"既可以作为建筑表皮的装饰物，丰富立面的肌理；也可以被理解为带有编织构造和丰富层次的建构方式，参与到一种空间建筑形态的塑造。建筑形态的编织是基于传统与当代、理性与人文之间，游离于工艺与建筑领域之间的形态。编织的运用反映了当代建筑实践对传统的回眸，以及对事物间整体关联、动态进化机制的关注和建筑观念的发散与转变。建筑形态的编织可以带来一种"新"语汇和"新"思路，可以拓宽我们的眼界、丰富我们的形态手法。

第四章　　多向度的编织实验

　　"向度"指的是一个视角，一个判断、评价和确定事物的方向、角度和层次的概念。简单地说，就是角度或趋势。多向度，即超越不同角度的边界，从多角度的普遍联系去观察事物或看待问题。多向度地看问题意味着得到的解决方案也会更多。就编织而言，在现代文明的冲击下，作为手工艺的编织越来越难以为继，显露出其自身发展的疲弱与无奈。对于这难解的症候，我们应该从单向度转变为多向度，综合性和系统化地看待这个问题，从多角度去思考解决的途径。单一地将"编织"作为手工艺文化遗产去保护，很容易陷入一种因脱离发展而日渐衰微的境地，因为这样对于编织来说，它就失去了自身的生发潜力和可能性。我们应该从历史的发展源流中，找到"编织"的某种特殊的价值缘由，剖析产生疲弱的病因及被抛弃的时代症结，从对它的理性反思开始，以多向度的价值再造入手，使之重新在时代的土壤里生发出生长的潜力。

　　"编织"的多向度形态实验需要在思维和方法层面上有一个转变。我们应该跳脱出将"编织"作为手工艺的单一视角，可以从多向度接入，与不同专业领域相碰撞以产生化学反应。比如从生态环保的角度，重新进行天然材料的再编织实验，在原有的基础上挖掘编织形态的更多可能；从仿生学的角度探寻自然中的生物编织，以生物纤维构造的研究分析实现编织形态的发展进化；从艺术装置的角度探索基于当代艺术的空间形态编织；从创新运用高科技的新材料角度出发，为编织带来新材料下的多元的形态实验，形成多方向的、

跨视域的延伸触角。在时代的大背景中，多向度地尝试接驳各领域
的研究新成果，导入新观念、新视角带来的发展潜力，寻求让编织
生发新的"亮点"和新的时代价值，结合时代进化所生成的编织为
生产生活所用，这是编织能否延续发展、持续生长的基础。

一、重回天然

近几年来，基于生态环保创新发展的大背景，越来越多的设计师
又重新青睐亚麻、藤、竹、木等天然的材料，尝试重回一种天然的再
编织实验，将传统手工编织的技艺又融入设计创作中，实现一种回归
乡土的空间体验。以此重新回望中国乡土社会过去留存的手工技艺，
讨论是否能和现代空间产生一种自然的对话和交融的问题。这种重返
天然和再编织实验，更像是关乎乡土记忆本来的凝视，关乎真诚情感
状态的回望，关乎生活，关乎自然，关乎当下这个时代对手工编织的
思索和审视，重回天然，也是让编织在这个时代重返生活。

相比而言，亚麻是人类最早使用的天然植物纤维，距今已有
一万年以上的历史。最早用来编织的天然纤维就是亚麻。远在石器
时代，人们就取其纤维织成衣料，所以亚麻可称得上是最古老的天
然纤维。亚麻用作室外的大尺度编织较少，如果通过编织可开发用
于建筑用材，将有很广泛的应用价值。因为相比复合纤维，亚麻纤
维是一种可再生、可降解且有着丰富资源的天然材料。在过去的两
年中，德国斯图加特大学 ICD/ITKE[1] 研究团队一直致力于研究使用天
然纤维作为"织造"材料的潜力，探索用亚麻纤维进行再编织的实验。
2020 年，研究团队设计建造了有史以来第一座完全以机器人缠绕亚
麻纤维编织成的构筑物"livMatS"研究展亭（livMatS Pavilion）（图
4-1），展亭坐落在德国弗赖堡大学（University of Freiburg）的植
物园内，"livMatS"展亭是天然材料编织和先进的数字技术进行更

1　德国斯图加特大学计算性设计建造研究所（Institute of Computational Design and Construction，简称 ICD）；斯图加特大学建筑结构与
　　结构设计研究所（Institute of Building Structures and Structural Design，简称 ITKE）。

图 4-1 "livMatS" 研究展亭 + 细部（2021 年）德国斯图加特大学

新颖、更高效结合的成果。

"livMatS"展亭项目是天然可再生材料（亚麻）的研究利用，旨在探索开发全新的、节约资源的设计和"织造"方法。"livMatS"展亭的结构部件采用天然的亚麻纤维编织制造。亚麻的物理性能堪比玻璃纤维，而与玻璃纤维等合成纤维和人造纤维不同的是，亚麻是一种天然可再生资源，具备一年生的作物周期。"livMatS"展亭延续了佛莱堡大学和斯图加特大学在仿生学领域的长期研究与合作，展亭的设计灵感源于自然界中的树形仙人掌（Carnegia gigantea）[2]和梨果仙人掌（Opuntia sp.）[3]，这两种仙人掌的特点是它们均具有特殊的空心木质纤维结构，因而质量很轻。梨果仙人掌扁平的副梢是与分层排列且相互连接的网状木纤维束交织在一起，具有极高的负荷能力。通过对这两种仙人掌网状纤维结构进行仿生模拟和抽象化处理，设计师们得以将交叉连接的纤维结构所具备的结构性能转移至展亭的亚麻纤维编织的结构单元上。展亭的网状结构是亚麻纤维交互编织成的单元，能够为骨架提供额外的稳定性。

展亭的结构单元是项目团队用开发的数控机械臂以无芯纤维连续缠绕的编织工艺制作而成的（图4-2）。借助机器人将亚麻纤维束精确地缠绕放置在绕线框架上，并对纤维的方向、排列和密度进行针对性的校准，以适应构件的结构需求。与别的纤维材料相比，亚麻纤维展现了出色的材料性能和很好的承载力。"livMatS"展亭的承重结构由15个亚麻纤维编织的构件组成，这些构件完全借助机器人自动编织，构件的长度从4.50米至5.50米不等，但平均重量仅105千克。整个展亭的纤维结构覆盖面积为46平方米，总重量也只有1.5吨左右。展亭的造型设计符合德国建筑法规和相关的结构要求，

2　树形仙人掌（Carnegia gigantea）又称：巨人柱、萨瓜罗掌，英文名：Carnegia gigantea，拉丁学名：Carnegia gigantea (Eegelm.) Br. et R.，为巨人柱属中唯一的一个物种，属于仙人掌科，也是世界最高的仙人掌品种之一，产地美国西南部和索诺拉州在墨西哥的索诺兰沙漠，据说可以活几百年。其直立茎最高可达15米，生长相当缓慢，因而茎非常坚韧。

3　梨果仙人掌，拉丁学名：Opuntia ficus-indica (Linn.) Mill.，仙人掌科，仙人掌属肉质灌木或小乔木，高可达5米，分枝多数，淡绿色至灰绿色，无光泽，宽椭圆形、倒卵状椭圆形至长圆形，先端圆形，边缘全缘，基部圆形至宽楔形，表面平坦，无毛，叶锥形，绿色，早落。5-6月花期。原产墨西哥。

图 4-2　机器人编织制作 "livMatS" 研究展亭

包括风雪载荷在内的一系列载荷标准。"livMatS"展亭的愿景是将天然材料和数字技术结合起来，开发环保、可再生的资源利用，以实现天然材料更多的价值可能性。

今天，越来越多的设计师将天然的藤、竹材料引入设计中，创造性地运用编织手法，以编织的形态、肌理来呈现更丰富的空间视觉效果。如位于曼谷河畔的香料大麦（SPICE & BARLEY）餐厅项目中，设计师用藤条编织成流动造型的复杂的雕塑般网架。该项目融合了 3D 数字设计和传统编织工艺，用天然可再生藤条编织成造型，并置于 30 米高的建筑空间内。藤编造型模拟倒入玻璃杯中的啤酒，形成自由流动的液体形状，强烈地突显了这个地方作为比利时精酿啤酒指定餐厅的定位。天然藤条编织的结构如同扭动的双子塔，并与天花板编织连接成一体，从天花板流动而下的巨大藤柱扭转成连续的曲面，在视觉上给人以强烈的冲击（图 4-3）。藤条编织的线条肌理强化了流动的曲线造型，编织在这里不再是固有的死板平面，

图 4-3　曼谷 SPICE & BARLEY 餐厅的藤条结构（2020 年）Enter Projects Asia

而是三维的、雕塑般的复杂形态，建筑空间中大尺度的天然材料编
织给人以覆盖整个空间的视觉震撼，天然藤条加手工编织所呈现的
流动肌理也是其他材料所无法比拟的。

　　天然材料中竹子一直是传统编织用的材料，建筑师希望能够用
竹子材料探索试验新的编织形态。2015 年，香港中文大学建筑学
院教授克里斯托夫·克罗拉（Kristof Crolla）[4] 领导的研究小组在香
港九龙湾设计建造完成了一个竹材料的 "ZCB 竹亭（ZCB Bamboo
Pavilion）"（图 4-4），这是一个四层楼高的大跨度弯曲的竹网壳结构，

4　　克里斯托夫 · 克罗拉（Kristof Crolla），中文名高仕棠，香港中文大学建筑学院教授，香港 LEAD 建筑事务所创办人暨首席设计师。曾
　　就读于伦敦建筑联盟学院 (Architectural Association School of Architecture,AA)，在扎哈 · 哈迪德建筑事务所 (Zaha Hadid Architects) 担
　　任多年的首席建筑师 (Lead Architect)。

图 4-4 ZCB 竹亭（2015 年）香港中文大学建筑学院

占地面积约 350 平方，其下可容纳 200 人。它是由 475 根竹竿交错编织搭建而成，这些竹竿在现场弯曲成形，采用了广东传统的竹脚手架工艺，用金属丝手工绑在一起。该竹亭是一个大型斜壳三分叉的拱形结构，弯曲成三个空心柱落地，竹亭结构顶部覆盖着一块特制的白色拉伸织物。这个构筑物是参数化设计与传统竹构技艺结合的成果，设计造型依赖 3D 建模来完成，优化完成后再根据拱形结构的跨度计算应力，并根据应力逐步修正调整竹网架的细节参数。ZCB 竹亭最大限度地发挥了竹子潜在的材料特性，呈现了一种替代性的建筑应用。该项目旨在通过大跨度编织竹构的建造实验，探索可持续的轻型建筑的实施方法，寻求传统工艺在 21 世纪发展的途径。

许多建筑院校也重新开展天然材料的实验，希望可以研发出新

图 4-5　"扭曲（TWIST）"木编装置（2015 年）伦敦建筑联盟学院（AA）

工艺、新结构和新形态。伦敦建筑联盟学院（AA）[5]一直致力于这种
新工艺的开发实验。2015 年在木材博览会上展出的"扭曲（TWIST）"
木编装置（图 4-5）是由 AA 开发的实验项目，是一个轻质胶合板板
条曲面扭转的编织结构装置。装置利用胶合板的各向异性特性，用
相互编织的方式，实现通过其元素方向产生铰接表面的材料系统。
该系统主要由两个胶合板板条元件组成："肋"和"翼"。"肋"
是装置周边的两圈圆弧，主要用于结构固定功能，由 6 毫米厚的胶
合板板材数控铣削而成，具有较高的纵向刚度。"翼"为 4 毫米厚、
12 厘米宽的直条，与"肋"成垂直角度。"翼"由编织关联作用组

5　　英国建筑联盟学院（AA）（Architectural Association School of Architecture），创办于 1847 年，英国最老的独立建筑教学院校，是全世
　　　界最具声望与影响力的建筑学院之一，也是全球最"激进"的建筑学院。知名校友雷姆·库哈斯（Rem Koolhaas）是 2000 年普利兹克建
　　　筑奖得主，扎哈·哈迪德（Zaha Hadid）是 2004 年普利兹克建筑奖得主，理查德·罗杰斯（Lord Richard Rogers）是 2007 年普利兹克
　　　建筑奖得主。

成的面状条带，扭转弯曲以符合整体的几何曲率，相互挤压约束每个"翼"片的移动。它们以特定的角度连接到肋骨构件，由"肋"固定并实现整体的弯曲和扭转，"肋"基本上是一种触发"翼"片物理特性的手段。两种元素通过编织关联组成面片，呈编织扭转弯曲的造型形态。该系统用于研究探索天然木材的扭曲几何体，旨在实现同步表面的特定弯曲能力。这些探索和实验是从工作室的研究逻辑和制造技术，再到板材固有的材料行为和尺寸限制而全方位构建的，该项目被解析为一个轻质木编织曲面，可以研究其中天然材质的曲率控制和光线穿透的空间。

天然的木材因其本身可塑性强，有一定强度，可再生又环保，

图 4-6　2010 ICD/ITKE 研究展亭（2010 年）德国斯图加特大学

所以成为建筑的编织实验的首选。德国斯图加特大学 ICD/ITKE 研究团队这个以编织思维的方式，用胶合板条设计建造的临时研究展亭，是完全由弹性弯曲的胶合板条交叉卡接编织而成的拱形结构（图4-6）。整个结构的直径超过 12 米，使用 6.5 毫米厚的桦木胶合板建造。该结构完全基于桦木胶合板条的弹性弯曲的特性。这些木板条带由机器自动切割为平面元件，随后沿其圆形形状相互交替插接组装，以便弹性弯曲和拉伸区域连接在一起，形成由内向外翻卷的造型。展亭由 500 多根木板条带的零件编织插接而成。在木板的每个弯曲区域局部存储的力，由相邻木板的编织卡接的区域保持，大大提高了整个系统的结构承载力。研究展亭的设计模型基于将天然板材的行为特征进行参数化模拟计算，物理实验主要集中于测试弹性弯曲薄胶合板条的挠度。详细的结构计算基于特定建模的网格拓扑结构，该拓扑结构反映了因木板弯曲而产生的内部应力与外力的关系。

　　综上这些天然材料的编织实验，设计师无不刻意地尝试重回天然材料的实验，重拾传统手工编织的手法。究其原因，无外乎两点，一是亚麻、藤、竹、木等天然材料与人有着天然的亲近感，这些天然的材料都是可降解的、环保的，这也是工业化的复合材料或高科技材料所无法比拟的；二是作为传统的天然材料，竹木藤等被人使用已经有上千年的历史，而编织是人类千年演化来的传统技艺，这种传统技艺如果能在今天这个时代被再利用、再创造，传统手工匠作的编织技艺便能更好地融入当代的空间设计创作当中，实现一种回归和再塑，使这样的手工技艺得以有效地利用，并实现有机更新与延续。

二、仿生的向度

　　大自然是我们的老师。动物"织网""织巢""织茧"的本能和技巧为人类的手工编织提供了样本指导。古人就是从观察自然界动物的"编织"现象中得到了灵感，经过不懈地模仿学习、尝试实践才得以积累形成手工编织技艺。通过手工将植物茎秆以经纬交叉的组合逻辑互相勾连叠合，用有序重复的挑压手法编织成实用的器物。从这个意义上说，"编织"是古人模仿自然的一项成果。动物的"编织"是基于生存的需要，是一种本能的体现。人类从动物的"编织"活动中获得某种启发，继而学习、创造并发展成为一种手工技艺，成为可应用于生产生活中的实用技能。在使用编织技能的同时，人类不断地在这项技艺上发展创新，以追求更丰富的编织形态和更多样化的审美体验和文化价值，所以，人类的"编织"行为早已超越动物本能的需求。但当今时代手工编织的发展出现了阻滞，编织是否应该重返源头，再从大自然中模仿学习汲取灵感值得思考。笔者认为应该将传统的编织作为人类编织艺术形态发展历史轨迹中的基点和土壤，在原有基础之上，以仿生学为切入点，从而可以演化生发出更多元形态的编织语言。

编织的仿生是一种跨学科的可持续设计的思路方法，它不仅将自然作为美学灵感，而且深入研究和应用在自然环境和物种中发现的编织原理。我们可以进行跨学科、跨领域的连接与融合，创造出许多自适应、自调节、自形态的"新编织"。仿生学（Bionics）灵感来自模仿研究自然生物系统，这与古人模仿自然基本一致，但今天的仿生学已然升级为了一门系统学科。仿生学（Bionics）定义为"模仿生物原理来建造技术系统，或者使人造技术系统具有或类似于生物特征的科学"。借助高科技的体系，今天的仿生学研究更加广泛，更加深入。同时，仿生学也是一种观察和研究自然的新方法，即"以自然为模型、以自然为标准、以自然为指导"的方法。编织的仿生研究和模拟了生物系统的纤维结构、形态特征、功能转换和信息控制等各种优异特征，并将其应用到各领域的技术系统中，创造出新的复合材料、编织工艺、形态构型、结构装置等系统。

在当下，与生物学领域的互动帮我们打开了新的视域，通过仿生研究，编织可以各种手法进行形态的仿生模拟。作为建筑师和艺术家，美国康奈尔大学的珍妮·萨宾（Jenny Sabin）教授是一位在艺术、建筑、设计和科学交叉领域工作的创新者，其一直致力于对生物形态材料和制造技术方面的研究实验，探索将生物学与数学以

图 4-7 "myThread"展亭（2012 年）珍妮 · 萨宾（Jenny Sabin）

及建筑学融合。"myThread"展亭（myThread Pavilion）（图 4-7）
是 2012 年珍妮·萨宾受耐克公司邀请所创作的。展亭由较硬的外部
结构和较软的内部有机织物材料组成，内部由一种以自适应编织为
基础的针织元素组成，丰富的组合满足了形态的复杂性。"myThread"
展亭将生物数据的模式转化为针织结构的几何和材料，表面模式是
通过三维建模环境生成的动态身体数据，形成一个编织的材料结构
（图 4-8），以独特的反应形式产生互动与响应。材料对阳光的反
应，以及身体的参与，是萨宾对生物仿生和可持续性的探索方法的
一个组成部分。这种柔软的、以纺织品为基础的内部结构可以吸收
和传递光线，它可以对感受到的不同光源或人的阴影做出反应，它
对阳光的反应以及和人们的互动是设计团队探索其性能和形态主题
的重要部分。"myThread"展亭结合人体运动的分析数据，加以突
破性的形态设计和编织技术，探索了非线性设计的建造过程以及可
持续性和形态设计等实际问题。作品是跨学科、跨行业合作的成果，
将生物学与创新、技术和编织工艺联系起来，涵盖了建筑、纺织、
生物和工程等多学科，通过自身空间的内在性和与人类互动的行为
而成为一个有活力的"身体"。

　　从 2012 年的构筑物"myThread"展亭开始，珍妮·萨宾和
她的团队从多感官反馈式环境的角度探索了织物的编织及其结构

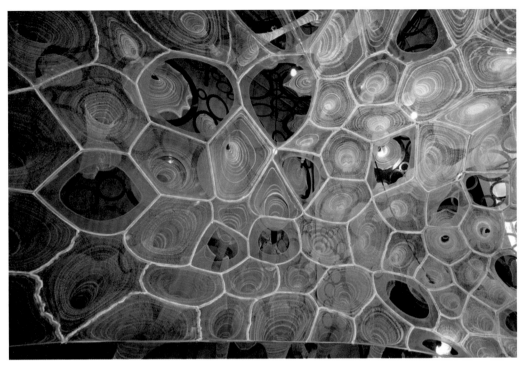

图 4-8 "myThread"展亭仿生编织结构局部（2012 年）珍妮 · 萨宾（Jenny Sabin）

的生成性设计和数字建造。这一国际化研究或许与基于感官的体系结构研究所共同传达的反馈性以及材料性能的主题紧密地结合在一起，2017 年，萨宾设计实验室设计的光影捕捉适应性建筑装置"流明（Lumen）"（图 4-9）在纽约现代艺术博物馆及 PS1 分馆（MoMA-PS1）联合举办的青年建筑师计划（YAP：Young Architects Program）中脱颖而出，作品在 MoMA-PS1 的庭院里展出。

"流明"的诞生建立在对织物编织、仿生设计、数字编程和建筑学长达 6 年的跨学科设计研究之上。该项目由两部分组成，即庭院上方的张拉整体结构塔和反馈式织物锥体相连接的冠层结构，是由互动式管状结构和蜂窝状元件组成轻型的针织物，装置中悬挂的管状物可以捕捉并展现阳光色彩的变化，编织的纱线可以用来感知太阳活性并吸收、传递光线，以数字编织和机器人编织为特色，重量轻、性能高，形态优美，还能感知周围环境。同时，装置内部设有自动

图 4-9　"Lumen 流明"沉浸式互动装置（2017 年）珍妮 · 萨宾（Jenny Sabin）

感应的喷雾系统，周围温度的变化会触发该装置喷出水雾。它为游
客提供了休息、交流和互动的空间，并通过雾化系统感知游客的接近，
从而激活织物产生独特的微环境。"流明"也是迄今为止最大的针
织建筑装置，由超过 100 万码的纱线组成。"流明"经历了严格的
实验推敲，最终形成了一个能够感知周围环境的沉浸式互动装置。

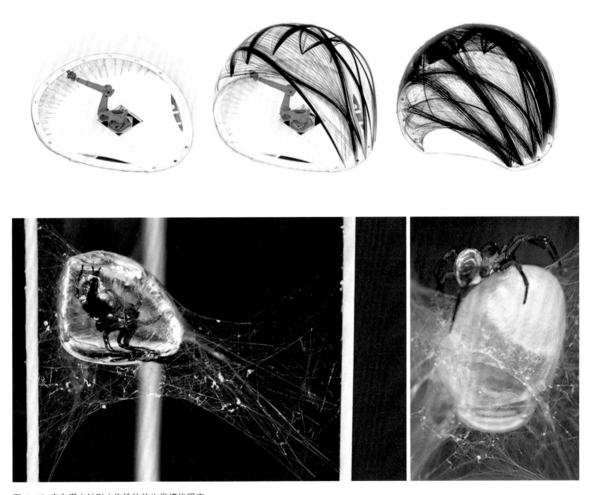

图 4-10 来自潜水钟形水蜘蛛的仿生学模拟研究

德国斯图加特大学 ICD/ITKE 研究团队一直致力于仿生学的模拟实验，利用数控技术和机器人进行仿生编织建造碳纤维构筑物。2015 年的研究展亭（ICD/ITKE Research Pavilion 2015）造型灵感来自水蜘蛛的水下巢穴（图 4-10）。项目团队借鉴了水蜘蛛的生活特点，利用碳纤维极强的可塑性和张力来模拟和编织"水蜘蛛巢穴"。编织过程以一种高度材料效率和功能集成的方式形成定制的纤维增强结构。通过一种新颖的机器人制造工艺，在柔性的气动模板内用碳纤维编织形成网状壳体，由此产生轻质纤维复合材料外壳形成的一个具有独特建筑品质的展亭。研究团队针对水蜘蛛（Agyroneda Aquatica）[6]的结网过程进行了先期研究，学习如何利用自适应制造策略来创建高效的生物形态的纤维结构。同时，研究团队构建了一个柔性的气动压力膜，模拟水蜘蛛在水中的气泡，然后利用机器人模拟水蜘蛛的蛛网编织结构，在气动压力膜上铺设碳纤维线，碳纤维凝结硬化后，所构建的线性网络足以支撑整个气泡形框架。与自适应计算设计策略相对应，设计团队开发了柔性膜内部碳纤维增强的典型机器人编织制造工艺。在编织过程中，九条预浸碳纤维粗纱平行放置，机器人在设置的路径上，以 0.6 米 / 分钟的平均速度铺设了45 公里长的碳纤维粗纱。这种编织工艺不仅允许根据应力定向放置复合线材，而且还将所用的碳纤维消耗降至最低。研究展亭（图 4-11）占地面积约 40 平方，内部容积约 130 立方，跨度 7.5 米，高度 4.1 米，但整体重量仅为 260 千克，相当于每平方只有 6.5 千克左右的重量。ICD/ITKE 研究团队利用计算机设计、模拟、分析生物结网构造步骤，使碳纤维的编织过程与水蜘蛛织网的过程一致。新的仿生技术集成了材料、设计、工程和生物科学，轻质和高强度的碳纤维编织系统也为建筑领域的拓展应用提供了一种新的可能。

　　在仿生学的加持下，设计师的脑洞可以更加地异想天开。2015年米兰世博会上英国馆"蜂巢（The Hive）"（图 4-12）引人注目，这个荣获多项大奖的建筑装置由英国诺丁汉艺术家沃尔冈·布特斯（Wolfgang Buttress）和结构工程事务所西蒙兹工作室（Simmonds Studio），以及来自诺丁汉特伦特大学的物理学家马丁·本西克（Martin Bencsik）博士联合设计，并在英国制造完成。"蜂巢（The

---

6　　水蜘蛛（Agyroneda Aquatica），又叫银蜘蛛，水蛛科生物，是其同类的唯一生活在水里的蜘蛛。水蜘蛛善于在水生植物之间吐丝结网。由于在网下储存气泡，使原本开展的蛛网成了钟罩形，如同一个小型沉箱，它们便在沉箱里安营扎寨，雌蛛还在其中产卵孵化。水蜘蛛吐丝并不用来结网，而是用来在水下构成一个单间——钟形住所。为了使这一单间更坚固而充实，它启用了一种特殊的方式给这个钟形住所充气：水蜘蛛从水面上获取空气，将其储存在自身腹部细毛中间的气泡中，然后爬回水下，把腹部气泡中的空气设法注入住所里去，而且会时不时地加以补充，以确保它能在水下住所中长久安全地生存下去。

图 4-11 ICD-ITKE Research Pavilion 2015 德国斯图加特大学

Hive）"的设计理念为"脉动的虚拟蜂巢，将突出蜜蜂的困境"，为游客提供"沉浸式感官体验"。这个充满创意的超级铝制"蜂巢（The Hive）"是受到英国一种用于监控蜂窝健康的高科技蜂箱的启发设计而成，整个装置是自然界中蜂巢的抽象化模拟表达。14 米高的方形"蜂巢（The Hive）"由数根柱子支撑起来，如同悬浮于草地之上。巨大的结构是由 169300 个独立的铝杆件编织组合而成的，按照斐波那契数列[7] 连接组装在一起，形成一个壮观的、半通透的编织结构。整体

7　斐波那契数列（Fibonacci sequence），又称黄金分割数列，指的是这样一个数列：1，1，2，3，5，8，13，21，34，55，89……这个数列从第 3 项开始，每一项都等于前两项之和。斐波那契数列的定义者，是意大利数学家莱昂纳多·斐波那契（Leonardo Fibonacci，1170—1250 年）。

图 4-12　英国馆"蜂巢 The Hive"（2015 年）沃尔冈 · 布特斯（Wolfgang Buttress）

采用大量铝杆件编织成网状的格栅，结合 LED 灯光，密集相连的编织结构犹如蜂巢，中心是一个椭圆形的挑高空间，参观者进入这个类似蜂巢的结构，装置将根据真实蜂巢的信号发出脉动、嗡嗡声和发光。

仿生学以自然界某些生物体功能组织和形态构成规律为研究对象，这其中的编织仿生很有实验意义。结构仿生、形态仿生等方面都是编织研究的方向，尤其是纤维结构仿生。以生物科技的逻辑思维培养和提高编织的美学形态思维，可以弥补和整合想象力的拓展功能，从而形成一个跨领域的广阔视域。从科技上说，仿生学是连接生物与科技的桥梁。从艺术上说，仿生学是连接自然与艺术的桥梁，仿生实验极大地拓展了编织的语言边界。生物体的纤维构造与形态研究在艺术和设计上给了编织很大的启发。我们应该善于类比和模仿，观察和吸收自然界中一切有用的因素作为创造的灵感，研究学习生物科学为创新服务。

作为近年来发展起来的工程技术与生物科学相结合的交叉学科，仿生已然成为一种时代发展的潮流，也是多学科共同研究的新课题。仿生科技、生物美学将成为后人类世界的一种研究体系。在人类纪时代，寻找一种非人类为中心的研究推理模式，从而进行衍生演化，现在比以往任何时候都更为需要。如德国斯图加特大学 ICD/ITKE（University of Stuttgart ICD/ITKE）、英国建筑联盟学院（Architectural Association School of Architecture）的 Ecologic Studio、伦敦大学学院巴特利特建筑学院（UCL Bartlett Faculty of the Built Environment）[8]，一直将未来仿生作为研究方向，通过直接与生物学专家合作，探索设计中数字和生物智能的相互依赖性。这项研究的重点是这些生物在成长过程中的图解能力，并成为复杂的生物数字体系结构的一部分。一个关键任务是培养艺术家、设计师在识别跨学科的学习模式中的敏感性，从而扩大自身的审美向度。

8　伦敦大学学院巴特利特建筑学院（UCL Bartlett Faculty of the Built Environment），隶属于伦敦大学学院 (UCL)，是伦敦大学学院最负盛名的学院之一，也是世界公认最顶尖最具影响力的建筑学院之一，被誉为世界建筑学院的最高学府之一，位居 2019 年 QS 世界大学排名建筑领域世界第一。

可以说仿生是一种创新源泉，未来的架构目标就是自然与科技的有效融合。

三、跨界与新媒材

20世纪90年代后，当代艺术带来了更多元的变化，艺术建构的形式和多元的材料语言尤为引人注目，很多艺术家拓展运用柔性材料和编织手法，诉诸编织的语言作为观察和创作的视角。纤维艺术使编织衍生出更宽泛更多元的方向，已然成为一种思维导向和创作手法。编织语言拓展到许多设计领域，学科之间的"通感"应运而生。很多设计师、建筑师从纤维艺术领域看到了编织这一富有变化的形式，并借助其强大的母体语言，获得多元融合与开放发展的契机，并形成了崭新的语言篇章。

纤维艺术的多元创作为今天的编织打开了一条开阔的发展道路，也引起了各艺术门类和设计领域的侧目。艺术家们以开放和创新的态度，在材料和空间表现形式上进行了各种大胆的实验。这些创作总是从编织和线性材料的独特视角来展开多维的探索。艺术家利用线性材料自由灵活的可塑性，结合"编织"的手法和造型语言，在空间中营造出一种能使观众"身历其境"的场域。而且，用于建构这些场域的线性材料本身与人们日常生活中的触觉体验密切相关。通过编织的形式，作品的材料和空间特性与观众在观看过程和生活中的体验产生某种交互作用。纤维艺术领域的创作为建筑师打开了一道门——线性材料通过编织带来的独一无二、不可取代的表现力。

编织的跨界探索使其发展趋向空间，编织的手法、形态也更富实验性。艺术家通过编织赋予材料更具社会性的意义和价值，使材料的"物性"借由编织而显现并渗透到作品的观念表达之中。来自奥地利的艺术团体纽曼小组（Numen/For Use）[9]以使用如尼龙绳、

9　　纽曼小组（Numen/For Use），克罗地亚和奥地利的观念艺术团体，由斯文·容克（Sven Jonke），克里斯托夫·卡兹勒（Christoph Katzler）和尼古拉·拉德尔伊科维奇（Nikola Radeljković）三人组成。

胶带等日常材料，营造参与性的、巨大的、令人惊叹的互动装置而闻名。"蓝色蜈蚣"（Tube Cologne）（图 4-13）装置就是纽曼小组的一件大型的编织装置，整个装置由一组悬挂在空中的蓝色的尼龙安全网构成，像是一条蜿蜒着的巨大蓝色蜈蚣，又像是跳动摇摆着的一条条柔软的管道。独特的悬挂方式使之支撑结构受力均匀，内部的管道空间可供人爬行玩耍，给身在其中的人创造了一种仿佛悬浮在空中的感觉。此装置体量很大且极具表现力，上半部分由平面的网编织而成，以此形成了一些大空间；而下半部分则由丝袜般编织的管道交织而成，狭窄的通道曲曲折折通往出入口。这两部分由编织的螺旋状结构无缝衔接。尼龙网编织的网格间隙使管道处于半透明之间。当人爬进绳网通道时，绳网也随着人的爬动行进改变

图 4-13 "蓝色蜈蚣" Tube Cologne（2014 年）纽曼小组（Numen/For Use）

图 4-14　织网 Z33（2011 年）纽曼小组（Numen/For Use）

着自身的外观，有如一只巨大的痉挛的蜈蚣。这种分散的结构支撑
能够使力均匀分布，人进入绳网编织的管道空间内，在里面爬行漫游，
可以从意想不到的超现实角度体验建筑环境，犹如穿过支撑身体的
网状动脉。

　　绳网编织的装置作品是纽曼小组实施社会性雕塑的重要手法。
2011 年，纽曼小组在比利时哈塞尔特（Hasselt）建造了一个网状编
织的"Z33 游乐场"（图 4-14）。创作组用黑色尼龙绳编织的网，
如漂浮的乌云占据了整个展厅现场，矩形的空间内用三层编织网构
建了装置的主体，然后牵拉并固定相邻的两层网面，形成一个个牵
拉形状的圆锥体。通过这种方式，三层编织网被整合成一个三维立
体式的浮动景观。具有强大韧性和张力的绳网搭建了一组可供观者
在绳网内攀爬的"社会吊床"，观众可以在艺术博物馆开放时间内

图 4-15　波兰艺术团队解码代码 "Decodethecode"

进入绳网体验互动。当人们爬进或爬出绳网时，绳网受到重力的压迫，导致形态的不时变化，一层绳网的局部变化往往牵连到上下两层绳网的相应改变，整体形状也随之发生变化。巨大的织网装置占据了空间，传达出了共振和互动的潜在意义。

来自波兰的艺术团队"解码代码（Decodethecode）"[10]擅长用各种颜色的线绳组合编织牵拉演绎迷人的沉浸式装置（图 4-15），以诠释线与色彩之美，其线绳艺术（String Art）令人称奇。团队的两位艺术家波多尔斯基·普泽梅克（Przemek Podolski）和玛尔塔·巴桑多斯卡（Marta Basandowska）均来自波兰。普泽梅克表示："我

10　解码代码（Decodethecode），波兰艺术团队，由波多尔斯基·普泽梅克（Przemek Podolski）和玛尔塔·巴桑多斯卡（Marta Basandowska）两人组成。

对宇宙及宇宙空间非常着迷。我认为用丝线制作的迷幻装置非常适合用来将宇宙的物质'可视化'"。两位艺术家用无数根色彩斑斓的丝线牵拉编织，让多彩线绳呈几何形状有序交错排列，反复层叠，形成多彩的三维空间的线层叠加，塑造出半通透的迷人的线绳装置。正如他们所言，"线绳在空间创造了三维立体艺术，运用传统技术和科学基础，对空间结构进行想象，并使宇宙之美更易为人所体会接近"。以线为元素的宏构体裁铺满空间，远远超越了传统线绳艺术的范畴。其作品规模经常涵盖偌大的场域，俨如铺天盖地的富有韵律的光线，绵绵密密缠绕在梁柱等结构体或天花板，当观者进入其中，就360度为此作品所包围，犹如翱翔在那遥不可及、深亦难测的广袤宇宙。可以说，波兰艺术团队"解码代码"将线的空间编织用到了极致。

意大利艺术家埃多尔多·特雷索迪（Edoardo Tresoldi）[11] 创作的作品都是以金属丝网为材料，构建出虚实交错的建筑空间，如梦似幻。他将原本坚韧、生硬的金属丝网，幻化成为空灵的海市蜃楼。2017年，特雷索迪受阿联酋的邀请，与迪拜一所建筑工作室合作，为近7000平方的场地设计了一座被称为"建筑的幽灵"的金属丝网建筑（图4-16）。在场地现场，特雷索迪将用金属丝网虚构的罗马式建筑与实景布置的花园结合在一起，一根根巨大的罗马柱撑起的连廊将宾客的座席串联延伸开，巨大的穹顶悬浮在一座圆形的小花坛之上。宫殿结构清晰、棱角分明，整个环境看起来就像是虚幻的宫殿，来到这里的人们感叹仿佛走入了梦境，半透的金属丝网建筑犹如游走在虚实之间，如梦似幻。特雷索迪曾在采访中表示，"思考金属丝网的诗学维度时，我能感受到这种材料对心理投射的描绘，或者说，当与历史相关的时候，它可以帮助人们寻回对消失建筑的

11　埃多尔多 · 特雷索迪（Edoardo Tresoldi），意大利艺术家。1987年出生于米兰，9岁开始在意大利画家 Mario Straforini 指导下尝试了不同的艺术语言和工业技术，在蒙扎艺术学院学习后，2009年移居罗马，开始在不同的创意领域工作，这给了他对艺术的异类见解，并从中找到了新的艺术方向，他对金属丝网产生了浓厚的兴趣，开始创作金属丝网雕塑。他擅长用金属丝网进行超越时空维度的创作，希望以此记叙艺术与世界之间的对话。

图 4-16 阿布扎比迪拜金属丝网宫殿 (2017 年) 埃多尔多 · 特雷索迪（Edoardo Tresoldi）

记忆回响"。

相比艺术家，建筑师对于线和编织的兴趣其实一点都不比他们少。2019 年，来自法国的 Atelier YokYo 事务所 [12] 在上海愚园路设计了一个艺术装置"钴松饼（Cobalt Muffin）"（图 4-17）。这个装置在外观上看仿佛是悬浮在草坪上的一个不规则几何体，实际上它是由 60 个相似的三角形框架构成的多面体。多面体外覆上了一层由蓝色弹性绳编织而成的半透明表皮，犹如风筝和灯笼般的轻盈，又如同蓝色的云朵飘浮在参观者的头顶上。设计团队总共使用了 7500 米长的线绳来打造表皮的编织结构，以探索编织与材料之间的关系，

12　Atelier Yokyok 事务所，来自法国的艺术设计工作室，由建筑师萨姆森 · 拉科斯特和卢克 · 平萨德于 2015 年创立。它现在由四个人组成，包括劳尔 · 卡里米教授和波琳 · 拉扎里夫建筑师工程师。

图 4-17 钻松饼（Cobalt Muffin）艺术装置（2019 年）Atelier YokYo 事务所

图 4-18 棱镜装置（2018 年）Hou de Sousa

它的通透性和轻盈感与其干净利落的外观造型形成了鲜明的对比。由纽约建筑工作室 Hou de Sousa[13] 设计的"棱镜"装置（图 4-18）是一组由彩色丝线打造的网状透明空间。"棱镜"装置是一种由不同透视视角集合所带来的多变的线绳、色彩和空间的体验。色彩斑斓的彩色丝线在钢筋的框架之间编织成网，而这些绳网的半透明效果，产生了摩尔纹一般的震撼视觉效果。棱镜第一眼看上去像是一个完整的实体，但是其完全是被线性元素编织划分的。作品营造了一个以线为元素构成的光、色、空间交织的万花筒体验，吸引公众去探索它的外观和空间。

在过去的十年间，随着科技的快速发展，尤其是在新材料的不断出现推动下，使许多以前的不可能变成了可能，也使我们枯竭的头脑得以再次萌发出更多的创意。今天，新的编织材料层出不穷，出现了许多高技术、高性能的复合纤维织物，且这些产品已渗透到许多生产生活领域，但编织还没有完全受益于这些轻便、形式灵活的复合材料。高科技材料的出现，使设计师有了更多的尝试和选择，但使用新材料需要智慧与勇气。隈研吾在 2015 年米兰设计周上展出的作品"纸之茧"（Irori & Paper Cocoon）（图 4-19）是一个用纸编织的装置。这座被称为"白色纸茧"的展馆，采用 1 毫米厚的硫化纸为材料，经过加捻和编织，形成拱形结构。硫化纸是一种新型的具有一定强度的合成纸张。"Irori"展馆的白色硫化纸呈卷曲的螺旋状，相互交叉，被编织形成拱形的结构，起伏的肌理和透空的孔隙形成了展馆迷人的表皮变化。在整个结构中，编织是唯一的表皮和结构。"纸"这种看似"不可能的材料"，偏偏就被隈研吾运用编织手法玩成了空间造型的构筑物。纸虽然没有木头的强硬，但它通常柔软灵活。灵活性常被看作是建筑材料的一种缺陷，但对于隈研吾来说，具有灵活性的材料是一个优势，可以获得一个整体上

13　Hou de Sousa 是一家总部位于纽约的建筑、艺术和设计工作室，致力于推广创新、文化进步和环保解决方案。该团队在国内外设计建造了艺术装置、公共空间、公共雕塑、餐厅和私人住宅等。

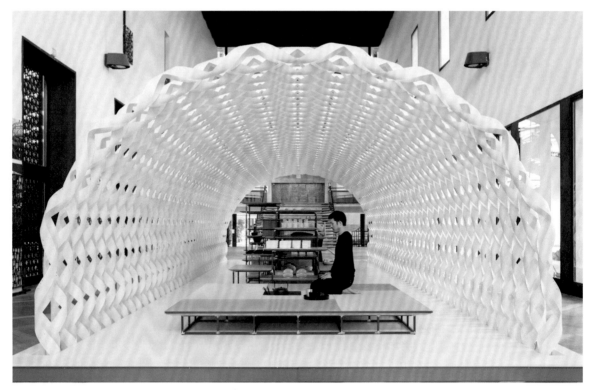

图 4-19　"纸之茧"Paper Cocoon（2015 年）隈研吾

看起来灵活的建筑。"当你的目标是要让整个项目变得更松散、更灵活时，在纸上你会发现更多的应用。"隈研吾希望"Irori"装置可以作为一个实验，来探索"纸"这种材料在未来使用的更大可能性。

　　新材料的运用也使今天的编织更加富有未来感。来自英国的建筑师阿西夫·可汗（Asif Khan），为 2020 年迪拜世博会设计了三座以全碳纤维为材料的栅格门，极具未来感。大门整体架构都是编织的网格状，形式灵感来源于阿拉伯传统窗花风格"Mashrabiya"，一种具有复杂几何图案的传统格子屏风。大门形式是对传统"Mashrabiya"进行的未来主义改编。材料完全由超轻碳纤维复合细丝编织而成，集轻巧与牢度于一身，又兼具通风和光线之优点，尤其是一天内不同时段呈现出的不同光影，给人以魔幻般的感觉（图4-20）。超轻碳纤维大门一共有 3 座，每座大门长 30 米，高和宽都是 21 米，由数千根超薄碳纤维编织成网格，碳纤维带被一个旋转

图 4-20 迪拜世博会碳纤维栅格门（2020 年）阿西夫 · 可汗（Asif Khan）

臂包裹，旋转臂在三维编织过程中兼作模板。因为结构经过精心设计，
因此不需要其他材料支撑。尽管每扇门宽 10.5 米、高 21 米，面积
220.5 平方，感觉体量很大，但一个人就可以轻松推开。设计师阿西
夫·可汗说："我希望世博会的参观者，尤其是孩子们能从他们以

前从未见过的建筑中获得灵感，并为它成为该地区遗产的一部分而
感到兴奋，穿过大门代表着，从过去进入未来的物理和象征性行为。"
这一"通向另一精彩世界的大门"不仅是一件带科技色彩的未来主
义杰作，也将成为世博历史上最令人难忘的"世博之门"（图4-21）。

　　上述的"编织空间"实验既有艺术家的创作，也有建筑师的作
品，开放的形态实验呈现出多元跨界的探索。如美国建筑师珍妮·萨
宾的针织建筑装置为我们打开了仿生模拟结合互动的新视阈；纽曼
小组的绳网编织的装置作品趋向空间，赋予了编织更具社会性的意
义和价值；沃尔冈·布特斯设计的米兰世博会英国馆的超级"蜂巢"
装置，以密集相连的金属编织成一个壮观的、半通透的仿生蜂巢结构，
形象犹如外星装置，完全突破我们的认知；隈研吾的作品"纸之茧"
以看似不可能编织的材料，运用编织手法带来了一种可能性；英国
建筑师阿西夫·可汗设计的迪拜世博会大门，以碳纤维的新材料新
工艺为我们打开了一扇编织的"未来之门"。今天的艺术家、设计
师或建筑师已然身份模糊、角色多变，多重身份的跨界创作也越来
越多。不同的视角、多元的知识体系和高科技杂糅演化出众多面貌
不同的编织形态，他们把线性材料作为创作的元素，以编织为形式
语言建构时空之场，营造了一个个异化的编织形态。

　　多向度"编织"的形态实验有赖于几个重要因素：不同的学科
专业、不同的视角、材料的特性、观念的指引和边界的拓展。不管
是纽曼小组、"解码代码"艺术团队，还是意大利艺术家特雷索迪，
抑或建筑师珍妮·萨宾、隈研吾、阿西夫·可汗，这些艺术家和建
筑师不约而同地以各自专业和研究方向来接驳编织语言，构建空间
装置或实验性的构筑物，打破了惯常的已有认知，呈现出一种全新
的"编织"形态。重回天然材料的再编织实验，编织仿生进行的跨
学科、跨领域的连接与融合开启编织的新视域，跨界探索使学科之
间的"通感"应运而生，借此使编织获得更多元开放的发展契机。
编织语言为各领域带来新意的同时，也收获了许多跨学科专业的思
路启迪。这种学科之间的相互渗透与融合，使得各专业领域借此获
得了融合多样与开放的发展契机，以新材料、新工艺的编织突破了

图 4-21　迪拜世博会碳纤维栅格门（2020 年）阿西夫 · 可汗（Asif Khan）细节

原有的形态样式，为我们打开了"织造空间"的未来之门。

　　"编织"的多向度突围首先是观念和思维方式的迭代进化。我们不仅要注重当下的时代变革，更要感知未来的发展趋势，跟随社会一起同步进化。正如杰西卡·赫明斯（Jessica Hemmings）[14] 教授在《经线与纬线》一书中所说："编织已然成为一种思维系统，并提供一种制作方法。"艺术家、建筑师以编织或编织思维来展开跨界的探索，这种多向度的形态实验是一种"突围"，是"编织"发展的全新思路，是"编织"在当今时代背景下生存发展的一种需要。当下，是工业时代向信息化时代的转型期，是一个科技进化的时代，人工智能、互联网、数字科技构建了一个全新的维度，艺术和工艺也将通过科技迭代进化，逐渐适配这一新的格局。我们应该在不断的学习和反思的过程中，提升"编织"的进化能力，形成全新的视野架构，产生多方向的新的生发通道，构建一个摆脱现有困境的全新的突围战略。我们在对传统编织工艺、传统编织材料进行深入挖掘、再利用的同时，还应积极采用新科技来实现更多样、更新奇的编织形态，努力通过新科技与跨学科的艺术实验来探索编织的未来。

14　杰西卡·赫明斯（Jessica Hemmings），英国南安普顿大学温彻斯特艺术学院纺织服装系主任、博士。

第五章　　数字编织与建造

　　1973 年，美国社会学家丹尼尔·贝尔（Daniel Bell）[1]在其撰写的《后工业社会的来临》一书中指出，技术革命将给人类社会带来一个新的发展阶段——"后工业社会"，丹尼尔·贝尔以其独特的理论视角和敏锐的洞察力，揭示了人类社会从工业社会向后工业社会转型的历史趋势，勾勒了以知识为轴心、以服务业为导向、以信息化为特征的后工业社会未来的社会图景。而德国经济学家克劳斯·施瓦布（Klaus Schwab）[2]所著的《第四次工业革命：转型的力量》中关于第四次工业革命的 AI 人工智能、量子技术、纳米技术、3D 打印技术、材料科学、计算机信息处理等的描述，再一次印证了丹尼尔·贝尔关于后工业社会以知识为轴心的论断。施瓦布认为，第四次工业革命是整个系统的创新，以人工智能、大数据等为代表的科技进化，是整个世界的未来趋势和发展方向。今天，人工智能、大数据、云平台逐渐来到我们身边，开始影响各行业的发展，但这都不过冰山一角：数字化不只关乎工具，还有我们认知思维模式的剧变。编织在数字时代的背景下应该如何发展应对？会有怎样的方向前景？这将是我们面对和讨论的问题。

1　丹尼尔·贝尔（Daniel Bell，1919—2011 年）当代美国知名学者和思想家，批判社会学和文化保守主义思潮的代表人物，曾在哥伦比亚大学和哈佛大学担任社会学教授。在欧美思想界声望甚高，著有《意识形态的终结》《后工业社会的来临》《资本主义文化矛盾》。
2　克劳斯·施瓦布（Klaus Schwab）1938 年 3 月 30 日出生于德国拉芬斯堡，后加入瑞士籍，德国工程师和经济学家，日内瓦大学商业政策学教授。1971 年倡议创建了世界经济论坛，并担任论坛主席。还担任联合国发展规划委员会副主席。

伴随着数字技术和新材料的发展，为编织带来了新的创新手段。参数化设计可以用拓扑几何、数学函数、算法几何、仿生学和动力学模拟等方式进行复杂形态的设计，将得到的形式通过相关软件进行计算、分析、优化，再进行冗余删减或造型调整得到合理优化，得到优化后再对形体进行节点的深化设计，并通过机械臂、机器人、3D打印等数字建造技术完成制作加工。随着数字技术的发展和运用，编织模式从原先的手工到机械，再从机械转变到智能机器人，编织材料也由传统的天然材料到加工材料，再从加工材料转变到新型复合材料。3D打印编织、三维数控编织的出现，既是工艺手段的再开发，也是编织除手工以外的一种生成过程。即编织是由材料按照一定参数设计成形，再由自适应的三维数控设备（机械臂＋机器人）编织完成。这种科技手段使编织不再受限于手工制作，而是通过数控设备的拟人化操作实现编织，表达出清晰的建构逻辑。基于数字技术下编织形态的生成策略研究，一方面可以通过实验发展编织形态的数字化逻辑；另一方面，我们可以将手工技艺与数字技术相结合，使传统工艺在新的技术手段下获得前所未有的表现力。

一、形态的"盲盒"

进入21世纪以来，数字技术已广泛地渗透到设计的各个领域，从最早的计算机辅助设计演变到模拟人工智能的基于算法的参数化设计（Parametic Design）。参数化设计的核心是将设计的全要素转化为某个函数的变量，通过改变函数或算法得到不同的造型形态和设计方案。"参数化设计"的重要意义是在于它使得设计的创作过程发生了本质的变化，设计是作为一种计算结果而存在。参数化设计强调的是算法。所有设计形态的生成都基于"参数化"的软件平台，该平台将影响设计的相关数据作为参数变量输入计算机，通过设置数字软件中数据传输的逻辑关系和算法规则，自动生成可调节的设计结果。因为这种可控但不确定的形式演变为设计影响因素的综合反映，从而使设计结果产生无限可能性。这种无限可能性有时就像开"盲盒",它会带来许多意想不到的造型形态。这些形态不是预先设想好的,而是在参数计算后自动生成的。所以,参数化设计完全不同于传统的设计思路。控制参数变量、建立逻辑关系和设置内部规则已然成为参数化设计中最重要的环节。一旦在参数化工具中建立某种关系或规则,就如同赋予计算机以生命,设计可以转化为一个自主生成的可控但不可知的动态演化过程。

编织形态样式以前只在手工艺人的头脑里,现在可以通过参数化建模来进行形态的虚拟设计。基于计算机技术的快速发展,数字科技和设计软件的普及应用,我们得以探索、研究编织形态的生形理论;继而以编织形态为导向,展开编织参数化设计的策略研究。随着数字技术的迅速发展,基于数字工具的参数化编织设计日趋便捷,使编织形态本身的复杂问题得以精准计算和解决,极大地促进了复杂编织形态的生成与实现。运用 Rhino[3]+Grasshopper[4] 三维建模软件、Kangaroo[5] 物理力学模拟分析软件、KUKAlprc[6] 参数化机械臂控制软件,可以从形态创建、编织肌理模拟、编织路径规划等多方面进行编织的设计研究。

编织的数字化策略包含基于计算机图形学、结构力学模拟、数控编织逻辑的系列研究。数字化编织已不仅仅局限于编织的图案和花纹肌理的设计推敲,我们可以依靠计算机强大的运算能力,解决

3　Rhino,中文名称犀牛,是一款超强的三维建模工具。它包含了所有的 NURBS 建模功能,能导出高精度模型给其他三维软件使用。Rhino 是美国 Robert McNeel & Assoc 开发的 PC 上强大的专业 3D 造型软件,它可以广泛地应用于三维动画制作、工业制造、科学研究以及机械设计等领域。它能轻易整合 3DS MAX 与 Softimage 的模型功能部分,适用于要求精细、弹性与复杂的 3D NURBS 模型,能输出 obj、DXF、IGES、STL、3dm 等不同格式,并适用于几乎所有 3D 软件。Rhino 可以创建、编辑、分析和转换 NURBS 曲线、曲面、和实体,并且在复杂度、角度、和尺寸方面没有任何限制。

4　Grasshopper(简称 GH),中文名称蚱蜢,是一款可视化编程语言,它基于 Rhino 平台运行,是数据化设计方向的主流软件之一。Grasshopper 是一款在 Rhino 环境下运行的采用程序算法生成模型的插件。与传统设计方法相比,GH 的最大的特点有两个:一是可以通过输入指令,使计算机根据拟定的算法自动生成结果,算法结果不限于模型,视频流媒体以及可视化方案;二是通过编写算法程序,机械性的重复操作及大量具有逻辑的演化过程可被计算机的循环运算取代,方案调整也可通过参数的修改直接得到修改结果,这些方式可以有效地提升设计人员的工作效率。

5　Kangaroo 力学模拟插件是 Grasshopper 软件里一个备受关注的插件,它以节点式的界面,将结构计算使用的物理计算能力引入到参数化设计的领域中,帮助设计师模拟力学的某个状态。Kangaroo 可以通过人为设定受力和边界条件获取结构达到稳态时造型,适合表达膜结构动力学模拟来构建膜结构造型,将薄膜材料和轻质结构的力学计算运用到方案之中。

6　KUKA|prc 是 Grasshopper 参数化机械臂控制插件,德国 KUKA 库卡机器人的仿真软件之一,可以提供一系列客制化的运算器,用于操控机械臂的输出。库卡机器人应用软件为确保编程简单安全,还提供一系列预制的、专门针对常用的机器人应用领域的应用软件。软件可以通过脱机编程或直接通过库卡控制面板根据生产环境进行最佳适配,可以支持多款机器人的仿真操控、轨迹编程和后置输出。

编织形态的复杂性设计中的各种综合问题，包括参数分析、形体生成、结构优化、数字编程、数控加工等。从理论上讲，无论编织多么复杂，只要对参数信息有准确的描述，多轴机械臂、机器人等数控设备都可以保证将其转化为实体的编织构件。预制的编织构件被送往安装现场，借助激光定位器和测量设备甚至全球卫星定位技术的辅助，可以实现误差不超过毫米的现场组装。在整个建造过程中，三维模型和数据信息可以逐渐取代传统的图纸和手工模型，由于编织结构的复杂性，在传统的编织加工体系下基本是靠手工完成，然而现在编织的参数化设计需要通过软件进行。首先，编织中的每一条线都是相互关联的，在参数化工具尚未成熟之前，很难进行精确的设计计算和精准的操作；其次，编织物的形态和结构具有柔性特征，在一定范围内，会随着重力或其他应力的作用产生变形或位移，只有使用计算机工具才能更好地优化它。可以说，参数化建模及相关设计方法为编织在建筑领域的研究应用提供了有力的支持。新的3D 设计软件可以快速完成非正交和非线性建模，复杂的曲面造型系统（NURBS 系统）使设计师控制复杂的曲面造型就像控制几何形体一样简单。通过计算机软件的网格算法，将复杂曲面的设计划分为几何网格单元，由于网格模型是表达复杂拓扑结构的常用方法，因此很容易转化为编织结构。

　　在编织形态的参数化设计中，其生形理论和参数化生成逻辑是基于原型的几何曲面结构线的提取和对应点的连接逻辑，这是进行编织形态优化的关键步骤。曲面细分是所有编织形态实现其结构在曲面上均匀分布的基础，对整个编织的网格做优化处理，并对编织曲面内的结构线分布进行均分。NURBS 曲面的优点在于在数据有限的情况下，能够平滑和准确地描述曲面形态，它可以根据编织形状建立一个基准面，再根据确定的编织结构划分基准面的 UV 方向，生成编织结构构件并确定节点的形式。编织网格单元对应于 NURBS 曲面的 UV 参数曲线网络。在生成编织结构意向后，利用建模软件 Rhino 及其插件 Grasshopper 进行辅助设计，并编写相对比较繁复的形态语言脚本。通过改变相关参数，可以调整和优化编织结构的形状、网格密度、线型尺寸和编织形式等，生成初步的编织形态模型。然后，确定每个网格单元的大小和形状，即每个控制点与相邻控制点之间的距离大致相等，且表面曲率相对平滑，以确保编织结构的内应力不会发生突变，同时弯矩相对平衡，最终形成一个稳定的编织形态。

利用 Grasshopper 插件可以解决编织由于形态结构复杂多样而造成的设计困扰，实现编织的快速可视化设计，帮助编织形态进行虚拟找形（图 5-1）。编织结构的节点映射和三维模型的生成是 Grasshopper 插件的主要解决部分，是构建从参数数据到刚性曲面表面编织结构节点位置的映射关系。利用 Grasshopper 进行编织模型构建，确定线的宽度和厚度以及纹理的渐变，通过调节对应参数，便可以由算法操作自动生成形态变化。参数数据主要通过读取 Excel 单元格的参数，包括编织结构节点的起伏次序即编织纹样图案，包

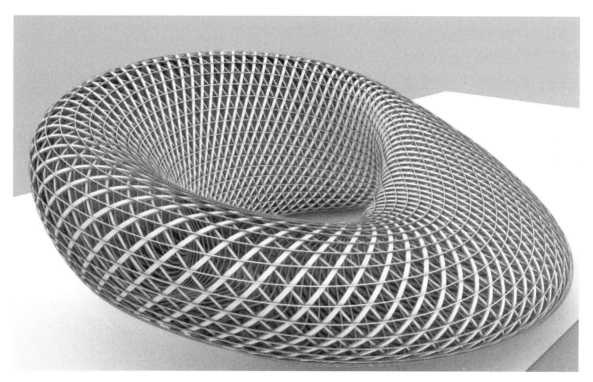

图 5-1 Grasshopper 凤凰传媒中心编织结构模型

括线的横截面形状、半径或宽度、厚度和颜色。在读取上述参数信息后，插件程序通过两种映射自动实现 Excel 单元格与编织纤维相应参数的一一对应，并自动生成编织的线性结构模型。在建模过程中，可以修改编织线条的宽窄和疏密，调整模型以达到最佳效果。

参数化找形好比开"盲盒"，可以带来不可预知、意想不到的变化。编织手法多样、形态各异，且结构形态具有复杂性，运用参数化设计可以使编织的形态结构变得可视化，并可以直接对复杂造型及编织纹样进行快速调整与修改，大大提高了设计效率。通过调整参数控制编织形态的变化，再结合拓扑手段使编织结构适应于不同的曲面形状，在参数化建模中将编织的设计过程转化成一系列形态生成的编码逻辑，为编织在后期加工和实际制作中提供了有力的支撑。三维造型的编织结构采用网格优化和拓扑手段相结合，更容易实现数字技术下的"织造"，具有广泛的适应性。

参数化设计为复杂形态的编织设计带来了便利、精准的实现途径。通过参数化设计建立的数学模型可以帮助设计师确立形态的内在逻辑。它向我们证明了如何在没有主观偏见的情况下，让数学算法逻辑与主观审美判断之间产生一种互动关系。参数化设计的重要性在于它为编织开启了通过数字手段生成造型形象及衍生新结构的可能性，同时它使设计师认识到数字技术的潜力，不仅仅是作为一种设计工具，而是一种具有强大潜力的设计生成工具。参数化设计将带来全新的编织形态，以参数化"编织"为手段的复杂形态将超越现代主义时期简单的"标准化"的几何建筑形态，以适应数字时代独有的"流动""游牧"和"动态"的形态特征。

二、数字生成的"织造"

随着科技的快速发展，"数字建造（Digital Fabrication）"这几年日渐兴盛。的确，设计在参数化计算的加持下，造型形态日趋丰富复杂。但参数化设计常常过度沉浸在基于算法逻辑的丰富形态的创造中，很难与真实的建造相关联，总是陷入一种设计出来却无法建造的窘境。所以，急需一种可以由设计直接输出的一体化的数字建造模式，实现由虚拟设计向真实建造的完美转变。由此，通过数控机械臂、机器人的快速发展，"数字建造"带来了一种全新的建造方式。"数字建造"是将数字设计转变为基于材料性能的实际生成过程，通过对形态设计、材料组织、结构应力和制作步骤进行程序化的设置和控制，使建造过程呼应设计中媒材的自动成形过程，最终形成全数字化的设计建造一体的流程。

"数字织造"是"数字建造"的其中一种类型，结合机械臂、机器人在数字建造领域的定制化优势，将数控技术引入"织造"中，模拟传统手工编织进行自适应的拟人化编织，实现数字设计和"数字织造"的无缝衔接。"数字织造"的全流程同样需要以计算机和数控设备为手段，以建立起一个自适应的、系统化的、全数控的数字编织操控模式。在设计阶段，参数化设计作为虚拟载体，通过参数关系将抽象形态与编织材料的物理特性和构造联系起来；在"织造"阶段，参数化模型中的逻辑关系作为交互调整的数据媒介，可以针对设计的虚拟形态进行形态优化，在算法控制和设定的情况下，输出特定的编织加工的程控数据，形成一种高度自动化的"数字织造"模式。

"数字织造"的实现须引入系统化的数控设备。在当今的制造行业，机器人的使用让许多的不可能变成了可能。智能机器人具备形形色色的内部信息传感器和外部信息传感器，如视觉、听觉、触觉，是一个多种高新技术的智能化集成体。全球较知名的工业机器人制造商如 ABB（瑞士艾波比）[7]、Yaskawa（日本安川）[8]、Kuka（德

7　ABB 瑞士艾波比机器人公司，ABB 集团总部位于瑞士苏黎世，是一家专注于发展电力，自动化制造业以及机器人技术的跨国公司。以其超过四十年的生产经验，ABB 机器人公司是全球工业机器人制造行业当之无愧的 NO．1。ABB 机器人公司有约 4600 名员工分布在世界各地 53 个国家，并已在世界范围内安装了超过 25 万台机器人。在全球十大工业机器人公司中排名第一。

8　Yaskawa 日本安川机器人公司，安川电机公司成立于 1915 年，总部位于日本福冈地区的北九州，是日本一家生产伺服系统、动作控制器、伺服电机、交流电机驱动、开关和工业机器人的制造商。自从 1988 年该公司开发出第一个名叫"莫托曼"全电动工业机器人以来，莫托曼机器人已被广泛用于全球。该机器人主要被用于弧焊、点焊、处理、装配、喷漆等工业过程中。

国库卡）[9]、Fanuc（日本发那科）[10]、Comau（意大利柯马）[11]等都有自己的数字控制系统。各公司的机器人本体和驱动系统大同小异，最大的区别在于控制系统，而控制系统的最核心技术是运动控制技术。运动控制技术用来控制工业机器人末端执行器的位姿、速度和加速度。运动控制技术从根本上决定了机器人系统是否先进可靠，如用于编织则关系到纤维在空间走线的精准性。

随着机器人位置控制精度和承载能力的不断提高，位置和刚度补偿技术、编程技术、实时动态模拟技术以及软件技术得到了综合发展，机器人作为一种高效的平台可以用于三维编织。通过利用不同的末端执行器、工装、定位和其他系统，能够构建一种自适应的机器人编织系统。这些系统具有灵活性高、加工快、精度高的特点，且能快速适应设计造型的变化。今天，"数字织造"的概念逐渐出现在各种编织实验中，设计师开始关注由设计到制造的全流程整合，他们将电脑中三维模型通过数据化分析，转化为分块的构件级的程控数据，并将这些数据输出成为实际的编织加工件，再用于现场的组装。当然，由数控机器人为主导的"数字织造"系统仍处在探索实验阶段，但相信会随着时间日渐成熟，不久的将来可以实现三维编织的全流程自动化。

（一）自适应的拟人化编织

近年来，基于高科技的复合材料的出现，以及参数化设计的快速发展，建筑师尝试利用数控机器人模拟手工编织，进行三维编织的建造实验，以探索和实现更多元的建筑形态。首先，这种拟人化的编织方式是基于对材料性能数据的有效采集，在参数化

9　　Kuka 德国库卡机器人公司，总部设在德国奥格斯堡，是全球生产工业机器人和其他工厂自动化设备的领先制造商。该公司于 1973 年研发了第一台工业机器人。库卡机器人主用于汽车工业，塑料，金属，电子以及其他制造行业。

10　　Fanuc 日本发那科机器人公司，总部位于日本山梨县，主要提供自动化产品和服务，如机器人和计算机数控系统等，它是世界上最大的工业机器人制造商之一。发那科机器人主要应用于航空航天、汽车、消费品等行业。据该公司网站称，已有25万发那科机器人安装在世界各地。

11　　Comau 意大利柯马机器人公司，位于意大利都灵的跨国集团公司，拥有超过 30 年的行业经验，除了生产机器人之外，还提供了其他与机器人有关的技术服务。柯马机器人多用于点焊、弧焊、冲压车间自动化、铸造、搬运、码垛、密封、粘合、塑料以及远程激光焊接行业。

找形设计和量化结构构造的前提下，控制材料拉伸的物理性能，并在数控程序上预先模拟和设定机械臂的运动轨迹和速度，最终完成从数字设计到数字织造的过程。除了用机械臂进行空间编织外，拟人化编织还可以结合移动机器人、无人机进行大尺度的三维编织，利用编织动作的逻辑编程、自适应的数控编织系统，实现一种新的编织生成模式。

德国斯图加特大学阿希姆·门格斯（Achim Menges）[12] 教授带领的 ICD/ITKE 研究团队近年来一直致力于以机械臂、机器人编织制造复合纤维构筑物的实验。从 2012 年开始，ICD/ITKE 研究团队结合使用机械臂、机器人、无人机等制作手段和方法，进行了一系列关于编织为手段的数字建造实验，并对自适应的数控编织系统进行了十多年的实验探索。研究团队致力于将编织的材料、手法、形态与数字建造结合起来，尝试探索编织本身对于轻型建筑形态创新的意义。源于手工编织的动作逻辑，被机器人模拟应用于自适应的拟人化编织，使参数化设计与"数字织造"两者变成了一套连续完整的生成模式。ICD/ITKE 的研究者提出了"高效率的一体化设计建造流程"和"机器人预制加工的装配化结构"等发展方向，强调在跨学科导向下基于材料和编织制造工艺的新方法。此外，其大量研究涉及机器人编织工艺、基于自成型工艺的材料编织编程方法等，都体现了数字技术为未来编织带来多样的可能性。

1. 编织的机械臂

机械臂诞生于 20 世纪 60 年代，作为一种数控机械工具，通过模仿人类手臂的多轴连接，遥控或编程输入控制其在空间坐标中的运动路径和末端执行的动作达到操作工序的有效实施。机械臂的应用是工业制造领域完成向智能化的飞跃。数控机械臂在工业领域比

12　阿希姆·门格斯（Achim Menges）斯图加特大学教授，斯图加特大学计算设计与建造研究所（Institute of Computational Design and Construction，简称 ICD）所长。斯图加特大学计算设计与建造研究所（ICD）有两个研究和教学主题。一是利用相关应用技术开发基于计算机的生成性设计过程的理论和实践。它的目标是在建筑设计中使用基于计算机的综合过程，重点是在建筑设计过程的计算设计中整合形状、材料、结构和环境的相互依赖性，还包括仿生研究。二是研究基于计算机的制造过程在建筑中的综合应用，专注于性能材料和建筑系统的机器人制造及其在全尺寸原型和测试建筑中的测试。

图 5-2　鞘翅丝亭 Elytra Filament Pavilion（2016 年）德国斯图加特大学

如汽车制造行业中已经比较普遍了，利用机械臂精确的轨迹设计和多维操作的优势，将传统的编织行为数字化。机械臂、机器人建造可以直接利用数字化的设计信息，完成传统手工编织所无法达到的精益品质，不仅提高了三维形态编织的精度和尺度，而且提高了工作效率，缩短了制作周期。以灵活的机械臂代替人手操作是制造业的一次革命，机械臂的引入突显了制造方式与观念的转换。"数字织造"充分利用数字技术实现编织全过程的自动化和信息化，结合机械臂在制造业领域的定制化优势，将数控机械臂的操作方式引入编织的加工工艺中，将传统的手工编织同数字制造结合起来。近年来，德国斯图加特大学应用机械臂、机器人在这一领域的实验，为我们探索了一条从数字设计到实际编织成型的"数字织造"之路。

　　利用工业领域用的机械臂代替人工，进行互动缠绕编织，可以实现自适应的编织操作。2016 年，ICD/ITKE 研究团队制作完成了一个仿生的碳纤维构筑物"鞘翅丝亭"（Elytra Filament Pavilion）（图5-2），该展亭由 40 个独立的六边形编织组件构成，每个组件都是通过机械臂将玻璃纤维和碳纤维绕线编织而成。编织组件的灵感来源于甲壳虫前翅上的纤维结构——"翅鞘",这是一种甲壳类生物前翅壳体中的纤维状结构体系,其编织结构表现了自然界中轻质结构的编织原理。"鞘翅丝亭"的编织结构由两种基本单元组成,一种是冠层单元,另一种是在地面支撑冠层的柱体单元,这两种单元都由复合纤维材料编织而成。

展亭单元构件的编织制作由项目团队开发的机械臂来完成,两台机械臂互动缠绕编织,在编织每个单元的时候,一个机械臂将饱蘸树脂的玻璃纤维和碳纤维缠绕到一个六边形的缠绕工具端。该装置利用机械臂的紧凑性和通用性作为编织制造构件的特性(图5-3)。在缠绕编织过程中,玻璃纤维形成了一个空间支架,主要结构的黑色碳纤维被应用到支架上,因为它们比玻璃纤维具有更高的刚度和强度。每个冠层单元通过其纤维排列、密度和方向的差异来适应其特定的负载条件,从而形成了一个材料性能极高效且轻质的空间结构,每个单元平均仅重9千克/平方。"鞘翅丝亭"从自然界中的纤维结构中得到启发,展现出机械臂自适应编织所呈现的独特的美学效果。斯图加特大学计算设计与建造研究所(ICD)所长阿希姆·门格斯教授解释说"通过设计制作鞘翅丝亭,我们向人们展示正在进行的第四次工业革命的变革力量,以及这种再次挑战设计、工程、制造模式的方式。这种完全由机器人生产的纤维结构,通过提供一个可拆解拼装的变化空间,强化游客的不同体验。其复杂的、丝状的树冠结构既是建筑的围护结构,也是承重结构和环境过滤器,随着时间的推移,结构还将继续扩展变化。"

2019年ICD/ITKE团队运用升级的机械臂系统编织制作了一个名为"BUGA"的仿生碳纤维展亭(图5-4),该展亭的结构不仅异常轻量化,同时还具备极高的结构性能,展示出独特而真实的编织建构和非凡的空间形态。项目团队开发了一种新型的多体系设计方式,将设计、结构以及机械臂建造这三个体系通过持续不断的数字化信息回馈进行有机联系。这种方式可以精确定义每一根纤维的编织位置、密度以及方向,而且每个构件的纤维排布方式、密度以及位置

图 5-3   鞘翅丝亭制作过程中机械臂缠绕编织构件单元

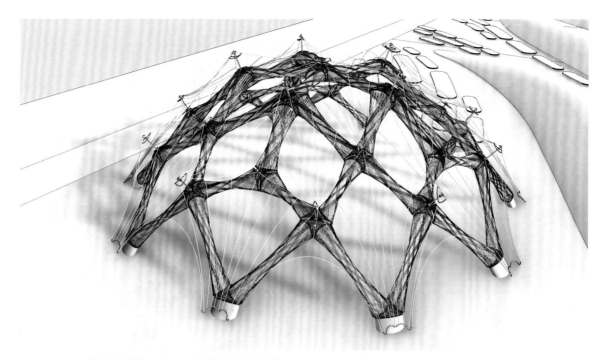

图 5-4　BUGA 碳纤维展亭设计图（2019 年）德国斯图加特大学

均可以得到单独的校准，同时又保持了结构的制造可行性。构件通过机械臂自主操作无芯纤维缠绕编织成型，这是项目团队研发的一种新型增材制造方法。纤维束通过机械臂被有序地放置在两个旋转的绕线支架之间，编织形成一个玻璃纤维网格的圆柱，随后黑色的碳纤维会根据结构的需要被缠绕在网格圆柱的适当位置（图 5-5）。展亭由总长度超过 15 万米的玻璃纤维和碳纤维缠绕编织而成，每个构件平均需要使用 1000 米的玻璃纤维和 1600 米的碳纤维，花费 4—6 小时编织制作完成。

借由机械臂编织布线时的精准走位，黑色的碳纤维束像肌肉般缠绕在半透明的玻璃纤维网格上，两者形成鲜明的对比。BUGA 纤维展亭独一无二的设计，不仅实现了结构的高效性和轻巧性，还是一种独特且真实的建筑形态表达，为参观者提供了特殊的空间体验。展亭占地约 400 平方，实现了直径跨度达 23 米的无柱结构。展亭整体结构由 60 个定制的纤维复合材料编织的构件组成。结构构件的每

图 5-5　BUGA 碳纤维展亭制作过程中机械臂缠绕编织构件单元

平方米重量仅为 7.6 千克，比传统的钢结构轻约 5 倍。经测试表明，每个纤维构件可承受 250 牛顿的压力，相当于可以承载 25 吨或超过 15 辆汽车的重量。展亭的数字纤维编织系统具备了轻盈、高效和富有表现力的特性，碳纤维束的分布从亭子的顶端到与地面接触的位置逐渐变得密集，使造型的观感更具张力。BUGA 纤维展亭是以自然为灵感的新型复合系统，旨在将生物学原理和高度差异化的纤维复合材料系统通过编织转化为一种建筑结构。

斯图加特大学 ICD/ITKE 研究团队研发的机械臂编织工艺，其空心纤维缠绕技术是一种无须表面模具的纤维编织手法，相比手工缠绕放线，机械臂的操作更精准、更高效。在编织过程中，机械臂可以控制芯轴的速度和方向，进而控制纤维的走向和密实度。由于这一过程不会导致纤维悬垂或流丝，当纤维缠绕在闭合模架表面时不会产生影响结构功能的接头,这一工艺体现了机械臂编织的可控性。机械臂编织将传统人工编织繁琐的工艺方式转化为数控自主操作,利用数控的机械臂进行编织,可以准确地控制结构中的纤维密度、间距,使得编织结构的精确性大大提高,同时大幅度地提高了编织的效率,从而使参数化设计与实际建造的一体化成为可能。机械臂的应用可以用于处理多维复杂形状的编织,打破了传统二维平面编织操作的维度限制。当然,机械臂的编织通常需要更精确的定位和路径,以持续的高密度的工作量完成生形。此外,机械臂编织工艺也将更多的新材料纳入了编织的工艺范畴,而这些新材料无法用传统的手工方法进行多维复杂形状的编织操作。这种以机械臂为依托的数字化织造方式将不再是一种未来主义的命题,已成为无比真切的现实。

2. 驯化的"蜘蛛"

在过去的十年中,机器人的快速发展为设计的制作建造开辟了新的可能。然而,受数控设备的操作范围所限,只能以构件的尺寸加工制作,具有场地、规模和工艺上的限制。如今,借助可移动的仿真机器人的应用,我们可以模拟自然界中生物运行规律进行数字建造实验。"蜘蛛"机器人是新一代引入的能够在现场进行动态操作的移动式机器人,这将大大拓展纤维复合材料的大尺度编织能力。将多个移动式机器人整合成一体的协作系统,在数字化编程操作的背景下,可以在现有的建筑空间环境的表面,不管是立面、墙壁或者天花板,使它们如驯化了的"蜘蛛"一样,进行自适应的移动爬行并操作编织,并将编织的纤维结构锚定到这些空间表面上,形成具有空间编织形态的结构。

2015年德国斯图加特大学研究团队开发了一套用于丝状结构编织的移动机器人系统,用爬壁机器人系统模拟"蜘蛛"的角色,在空间中进行织网的编织工艺。多个半自主的数控爬壁机器人——"蜘蛛"在墙壁角落上来回爬行移动,牵拉着纤维丝线进行空间绕线织网,使用任何水平或垂直的表面,甚至现有的结构来支撑新的编织结构(图5-6)。这些移动式的"蜘蛛"机器人配备了自主

图 5-6　用于丝状结构编织的移动机器人系统（2015 年）德国斯图加特大学

的运动系统和传感器，与受力位置和操作范围限制的机械臂相比
有更多优势。它们能够沿着典型的地面、墙壁、屋顶和天花板准
确移动和交互。我们可以想象这样一个织造过程，一名操作员带
着一个手提箱到达现场，箱子中装有所有必要的机器人系统和纤
维材料，打开箱子，将纤维材料与机器人接入，启动移动式机器人，
几只"蜘蛛"在墙壁上来回爬行绕线织网，一两个小时后就可创
建一个大型的织网结构。这些灵活的机械"蜘蛛"使编织制造过
程超越了现场空间的物理限制，使广阔的室外和室内环境都可以成
为潜在的织网场所。

　　2017 年，斯图加特大学 ICD 团队的研究实验"MoRFES_01"
移动机器人织造生态系统项目则展示了"蜘蛛"机器人在对向的墙
面空间中进行织网的模拟实验。"MoRFES_01"项目旨在通过引入
定制的、相互协作的移动式机器人，扩大编织的空间范围，推进移
动式机器人协作的应用。项目团队创建了一个由两种型号的三个机

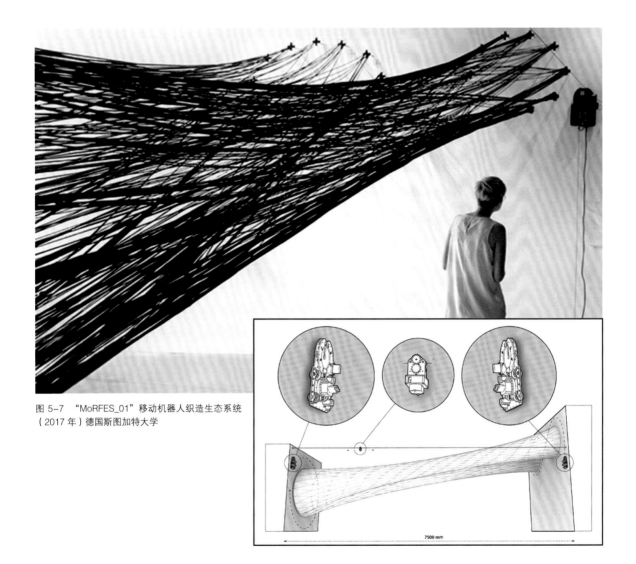

图 5-7 "MoRFES_01"移动机器人织造生态系统
（2017年）德国斯图加特大学

器人组成的协作系统，模拟"蜘蛛"的生物特征，探索一种空间形态的编织。移动式机器人"蜘蛛"——两个爬墙机器人和一个走线机器人，在现场环境的两面有锚钉且相对的墙面之间，合作编织了一个7.5米长的悬空的纤维编织结构（图5-7）。当其中一面墙的第一个爬壁器将线连接缠绕到墙壁的其中一个锚钉上，并自主编织完预定的圈数，走线器就会从第一个爬壁器上接过线材，然后通过两面墙壁之间的绳索跨过两面墙壁之间的空间距离，将线材传递到另外一面墙上的第二个爬壁器，以此往复编织的过程。这种来回穿梭的编织方式可以从 7.5 米的距离再显著增加，因为两个平行锚钉表面之间的编织是完全可以实现的。机器人"蜘蛛"均采用外部感知系统进行自主控制，外部感知系统由实时观察的摄像头和安装在机器人身上的视觉标记组成，用以定位与校准。爬壁机器人以模拟蜘蛛的方式进行现场操作织网，来回移动，穿线绕线，在空间中利用纤维丝线进行编织，展示了自主的拟态化空间编织工艺。

利用"蜘蛛"机器人进行空间编织，是对"数控技术"与"编织结构"的生成逻辑以及编织建造的又一种有意思的实验探索，也进一步验证了移动机器人单元在空间范围编织的可行性。在确定移动机器人用于现场编织的潜力的同时，还致力于建立一种创新的人机交互模式，以处理现场经常面临的不精确性和误差。通过将机器的精度与人类固有的认知技能相结合，对一个简单但有效的移动制造系统进行了测试，以构建算法设计的结构系统，这是传统人为方式所无法实现的。我们有理由相信，这种新的人机协作方法旨在将人的能力与数控机器的优势更深入地结合起来，将促进制造业和建筑业的发展，从而为以后开辟新的设计和建造方式。

数控机器人制造技术的发展主要集中在将固定式工业机器人集成到车间的预制生产过程中。目前还很少有工业机器人大规模地参与现场的建造过程，或用可移动的机器人直接深入到工地现场进行建造施工。这是因为，虽然移动机器人建造提供了广泛的发展潜力，但其实现大规模应用需要解决基本挑战的有以下几点：首先，现场生产大规模和潜在的整体结构需要先进的机器人制造系统，该系统能够满足与之相关的材料、结构和系统需求。第二，施工场地结构不良的特点，要求移动机器人系统必须配备先进的传感器和自主控制的智能计算解决方案，以应对现场面对的许多不确定条件。

以上的讨论涉及了两个主题。一是探索使用移动机器人在现场编织制造大型和大跨度的空间编织结构，实现机器人自适应编织制造的策略；二是尽管与现场环境、移动机器人系统和编织制造过程中相关的普遍不确定性仍然存在，但这项实验实现了在一定距离的空间中编织成网。可以这样说，这项实验研究提供了一个独特的机会，不仅将移动机器人模拟"蜘蛛"织网作为未来建造的一种可能，而且还可以开发更智能的移动机器人实际应用于有形的建筑项目。

3.无人机的加入

近年来，无人机在军用与民用领域发展应用非常迅速。无人机在民用领域用途越来越广泛，拓展到了警用、城市管理、农业、气象、建筑、环保、电力、视频拍摄等各个行业领域，无人机在建筑领域主要用于场地调研的飞行航拍，但无人机加入用于空间编织尚属首次，只能说没有想不到，只有做不到，这主要看你是否打开脑洞！

2016年，德国斯图加特大学ICD/ITKE研究团队zai基在前几年编织实验的基础上，利用机器人和无人机，编织建造了一个长12米的复合纤维材料的展亭，展亭是一个奇异的悬臂结构，由184公里长的玻璃纤维和碳纤维编织而成（图5-8）。其灵感启发来自蛾网，模仿两种蛾幼虫(潜叶蛾)编织吐丝形成"吊床"。编织建造过程通过"多

图 5-8　2016-17 ICD/ITKE 研究展亭（2017 年）德国斯图加特大学

机网络协作制造"的工艺进行长跨度结构编织。在编织绕线的过程中，两个固定的工业机器人被放置在该结构的首端和末端，无人机将碳纤维纱线从一端传输到另一端。另外，自适应控制和通信系统允许机器人和无人机在整个缠绕和纤维铺设过程中进行交互连通。该项目的研究目标是通过开发大跨度连续纤维结构的制造工艺，提出一种可扩展的编织工艺，并测试该技术在未来建筑结构中应用的可能性。研究期望通过结合无人机的加入，充分利用连续纤维的结构性能，开发一种更大跨度的纤维编织缠绕技术。

无人机的加入，可以突破尺度规模的限制。早期的实验表明，编织构件的尺度仍受到工业机器人的手臂操作范围的限制。所以，这次除了使用大型远程机器人之外，还加入了新的无人机帮手。展亭的编织建造是由两台工业机器人手臂和一台无人机共同组合完成。项目团队创建了一套多机协作的系统，多个机器人和无人机在一个系统里完成对接和通信，从而实现无缝纤维铺设过程，以确保纤维材料在结构上的连续性。多机协作的概念基于两套设备的协作，一套是范围有限、功能强大而精确的固定式机器人，另外一套是精度有限的可移动式数控无人机。在特定的多机协同控制下，将两个具有纤维缠绕工作所需强度和精度的固定式工业机械臂放置在结构的两端，同时利用一个自主、远程但精度较低的无人机作为牵线输送系统将纤维从一侧传递到另一侧。其中一头的机械臂会定期将线交给无人机，无人机会飞到另一头将线准确地交到机械臂的手中，经过这样来回的编织，最终成型（图 5-9）。这种多机协作方式为实现长跨度纤维复合结构提供了可扩展制造的可能。将无人机的自由度和适应性与机器人结合起来，为在大尺度编织结构上铺设长纤维开辟了可能性，创造了材料布置和结构性能的潜力。

研究团队开发了一套自适应控制和通信系统，集成了多个工业机器人和无人机，使其在整个缠绕和纤维铺设过程中进行交互协作。机器人和无人机能够在编织制造过程中通过集成传感器进行实时调整，以适应环境和过程中的变化。无人机可以在无人遥控的情况下进行自主飞行和着陆，纤维的松紧张力可以根据无人机和机器人的

图 5-9　2016-17 ICD/ITKE 研究展亭编织过程中无人机（红圈内）加入参与牵线

行为进行主动和自适应的调整控制。同时，研究团队利用空间定位系统在机器人和无人机之间创建了一个数字化的物理"握手"程序，以完成整个缠绕过程中的纤维传递。最终，悬挑长度为 12 米的长跨度悬臂梁展亭得以制作完成，总计由 184 公里长的碳纤维缠绕编织而成，表面积约 40 平方，总重量约 1 吨。由于这个结构是在车间内而非室外现场制造的，因此展亭尺寸被限定在可运输范围内。如果该装置在室外现场直接制造，相信可以拓展到更长的跨度和更大的尺寸。这个长跨度研究展亭的编织制作过程客观地验证了无人机加入编织的可能性，通过机器人和无人机的交互协作，可以扩大编织的尺寸规模。该项目研究探索了未来的编织生产模式，包括自适应性系统中的协作式和移动式。该研究将材料特征、结构性能、建造逻辑、编织原理和无人机等纳入一体化的数字建造系统中，深入挖掘了多机协作的潜力和可能性。该系统的自适应行为和集成传感器为多机交互奠定了基础，可用于开发新的多机网络协作过程中的大型纤维复合材料生产。轻型大跨度的纤维结构在未来有着巨大的发展潜力和应用价值，该材料的编织工艺、建造方式、结构形态仍值得我们去进一步探索。

利用数控的智能机器人进行编织建造，可以准确地缠绕编织结构中的纤维，使得走线的精准度大大提高，也使参数化设计转化成实际建造成为可能。工业机器人在三维编织中的应用，开创了机器人自主拟人编织的先例，实现了三维编织生产的自动化，大大提高了编织工艺与效率。结合工业机器人新技术的运用和编程语言的开发，三维编织工艺得到了极大的优化，特别是系统的灵活性和可扩展性，这使得编织效率和编织质量及复杂程度都得到了极大的提升。但机器人三维编织如果精度要求很高，其运动轨迹在加压、工装定位精度的影响下可能会发生位移和变形，使实际的纤维铺设轨迹可能偏离预先设计定位的轨迹。另外，机器人三维编织的编程设计比较复杂，具体到空间定位与时间流程的精密结合，对于每个细节的设置要求很高，因为开始铺线编织后，事先设定的轨迹比较难以临时更改调整，所以对机器人设备的工装和定位装置的精度依赖性较强。

斯图加特大学计算性设计建造研究所（ICD）所长阿希姆·门格斯教授表示，以复合纤维为材料的编织结构是尚未开发的最大资源。同时，他声称，机器人、无人机可通过集成编程进行交互协作，使用复合纤维材料建造大跨度的构筑物。门格斯教授认为，此类结合数字技术和物理制造的项目，具有彻底变革许多行业领域的潜力。复合纤维的全部可能性仍有待发掘利用，并声称机器人建造模式可以更有效地激发出这种潜力。正如他说："这是一个非常重大的转变，是第四次工业革命的一种形式。这种材料中本来的可能性并没有被充分地挖掘出来，（纤维材料）还没在真正探索内在的材料特征和性能方面得到使用，无论是它们的设计语言，还是结构能力。"[13]

---

13   引自《水蜘蛛、机器人、碳纤维与第四次工业革命》，http://www.cnfrp.com/quote/show-54472.html，2016年。

（二）"蚕吐丝"——打印的编织

如今，3D（Three Dimensional）[14] 打印技术已经深入到很多的制造领域。其实 3D 打印带来的并不仅仅是一种制造技术，其定制化、快速生成的理念才更应该值得我们关注。作为数字化领域的最新技术，3D 打印技术可以对不同的设计进行组织打印，这就为编织的 3D 打印提供了技术支持。3D 打印编织通过光固化成型（DLP)，可以编织柔韧、具有可控孔隙率的网状网架，相比手工或机器编织的一般网架它具有更好的韧性和支撑效果。又具有不依赖于模具构架和自由成型的优点，适用于复合材料成型，因此有望实现轻质复杂结构件的一体化成形。3D 打印与编织的结合的最大突破在于，真正推动数字化编织逻辑自下而上的革新转变，形成参数化设计、打印编织成形与实际应用之间的无缝衔接。

现在的 3D 打印机已不再局限于台式打印，3D 打印机械臂让我们看到了一个全新的复合打印的世界。3D 打印机械臂的灵感来自擅于吐丝的蚕和蜘蛛，研发人员利用一台能够在立体空间流畅移动的六轴机械臂，以及一种能够即时固化的连续、热固性纤维———一种树脂溶液浸泡过的纤维，当这种纤维从打印头中出来后在 UV 光的照射下会立即固化，从而能够制作出精确的形状、结构，而且还能将不同的纤维结合起来，这是传统 3D 打印技术所无法实现的。3D 打印机械臂使用的是 6 轴机械臂，可用在 3D 空间追踪我们能够想象得到的任何形状的轨迹。从 Rhino 的 3D 建模设计开始，再使用图形算法编辑器 Grasshopper 和 KUKAlprc 创建出打印头的路径和运动速度数据。机械臂由一系列的算法来控制，而纤维材料在进入 3D 打印头之前首先需要在一个装有光固化树脂的罐子里泡一下。打印头上安

14　3D 打印（Three Dimensional）即快速成型技术的一种，又称增材制造，它是一种以数字模型文件为基础，运用粉末状金属或塑料等可黏合材料，通过逐层打印的方式来构造物体的技术。3D 打印通常是采用数字技术材料打印机、3D 机械臂打印来实现的。根据所用材料及生成层片方式的区别，3D 打印总体可归纳为挤出成型、粉状粉末物成型、光聚合成型三大技术类型，每种类型又包括一种或多种技术路线。3d 打印技术主要由 3 个关键要素组成：一是前期需要精准的三维造型设计；二是需要强大的打印成型设备；三是需要满足性能和成型工艺的材料。其中 3D 打印材料成为限制 3D 打印发展的主要瓶颈，也是 3D 打印突破创新的关键点和难点所在。

装的紫外光源可用来瞬间固化该树脂纤维，这意味着打印时可以使用一根纤维像"蚕吐丝"堆积出任何复杂的形状，并实现任何应用所需要的造型形态和结构。

美国3D打印技术开发商分支技术（Branch Technology）有限公司开发出了一种名为"细胞制造 Cellular Fabrication（C-Fab）"的3D打印工艺，"C-Fab"是一种独特的蜂窝状编织打印工艺，结合了机器人技术、几何算法和新颖的自由形态打印技术。2018年分支技术团队用"C-Fab"复合材料的3D打印工艺制作了一个拱形的大跨度构筑物"OneC1TY 贝壳展亭"（OneC1TY bandshell pavilion）（图 5-10），高6米，跨度12.8米。构筑物造型利用参数化几何算法设计，加工制作时分成40块构件，分别进行打印，再

图 5-10　OneC1TY 贝壳展亭（2018 年）美国分支技术（Branch Technology）有限公司

运到现场进行组装。"C-Fab"独特的网状蜂窝是典型的打印编织肌理。

网状编织打印与设计结合，可一体打印生成设计的造型。总部位于阿联酋迪拜的中东建筑网络事务所 (Middle East Architecture Network，简称 MEAN) 在约旦南部的瓦迪朗姆 (Wadi Rum) 沙漠里设计了一个 3D 打印的沙漠凉亭 (Desert-Pavilion) (图 5-11)，沙漠凉亭的造型结构是当地贝都因人的建筑与数字技术的融合。为了模拟整体帐篷式结构，研究小组使用了 3D 打印的网状聚合物外壳和"网格松弛"参数化策略的混合体。凉亭外壳由无间隙重叠的网状面板制成，网状面板具有类似通透网格的美感。这些打印的网状面板可过滤室外的光线，同时保持通风窗打开。沙漠凉亭的设计使

图 5-11　3D 打印的沙漠凉亭（2020 年）中东建筑网络事务所 (MEAN)

用"网格松弛"参数化策略模拟帐篷的形式，通过将帐篷形式作为凉亭的形态造型，发展了与形态相对应的渐变式编织"网格"。该网格设计是通过近似编织的形式脚本计算生成，然后对其进行打印操作，将结构的外壳细分为网格面板，这些面板由6轴工业机器人进行编织打印。为解决沙漠凉亭的轻型穹顶系统，设计团队采用了一种新颖的3D打印网格面板系统，可以拼接部署到CNC弯曲钢管系统上。3D打印的沙漠凉亭是将场地的特征与当前打印技术相结合的设计产物。

　　3D打印可以有效模拟生物的纤维结构，如茎干的纤维结构、骨骼的微观构造。2017年米兰工程设计建筑博览会（MADE expo）上展示了一个全尺寸的3D打印拱门装置"骨小梁展亭（Trabeculae Pavilion）"（图5-12）。骨小梁展亭是由意大利米兰理工大学建筑

图5-12　骨小梁展亭（2017年）意大利米兰理工大学（ACTLAB）

学院的建筑计算技术实验室（Architectural Computing Technology Laboratory，ACTLAB）创建，由意大利 3D 打印机公司 WASP 制作完成。在设计仿生方面，ACTLAB 团队研究了构成骨骼微观结构的内部细胞，并据此创建算法来生成多个三维蜂窝结构，这些蜂窝结构的拓扑结构和大小均不相同，精度为十分之一毫米。建成的 3D 打印展馆是一个荷载响应型外壳，由 352 个组件组成，尺寸为长 7.5 米、宽 6 米、高 3.6 米，总面积 36 平方，重 335 千克。由 112 公里长的高阻生物聚合物挤压打印而成，具有理想的重量和强度。该项目着眼于 3D 打印编织的设计、材料和制造技术的协同作用，并使创新技术的概念转化成为可能，构建由荷载响应材料组织形成结构的一种建筑形式。

网状编织打印所呈现的独特效果是人为手工编织所无法达到的，因为那仿佛是一种具有未来感的美。2018 年 6 月第 16 届威尼斯双年展上，克罗地亚建筑师布鲁诺·朱里奇（Bruno Juričić）策划设计的克罗地亚馆是一个巨型的 3D 打印结构——"云彩凉亭（Cloud Pergola）"（图 5-13）。该装置跨越了建筑、艺术、工程、机器人制造和模型计算的界限，塑造了 21 世纪建筑的新范式，赢得了公众的青睐。"云彩凉亭"代表了克罗地亚在新建筑领域多元融合的成果，这个项目结合了人工智能、机器人和 3D 打印进行制造，云彩凉亭的部件由 300 千克的 3D 打印生物降解塑料打印而成。构件在伦敦打印生产，然后运往威尼斯，现场组装成占地 57.6 平方，高度为 3.3 米的展馆。云彩凉亭现在被认为是完全由机器人 3D 打印的世界上最大的构筑物之一。项目团队的首席执行官达翰·卡姆（Daghan Cam）说："以前，建筑师在设计时，都会受到劳动密集型制造方法的限制。现在我们正在给设计人员生产满足几乎所有能力的机器人，这种新的制造模式使得复杂设计的生产变为可能。云彩凉亭是一个强大而结构轻便的完美例子。"

我国的 3D 打印虽然发展比较晚，但近年来行业的整体发展迅速。民用级别的小尺寸打印已经比较普及，但大型的工业级别的 3D 打印还比较少。国内 3D 打印建造实验走在前列的是清华大学

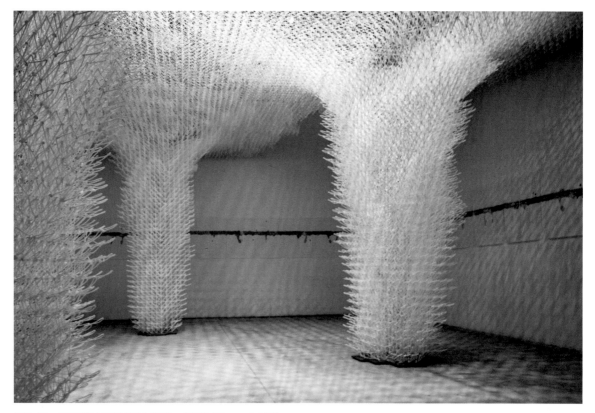

图 5-13　云彩凉亭（2018 年）布鲁诺 · 朱里奇（Bruno Juričić）

的于雷[15] 和和同济大学的袁烽[16]，两人均专注于数字设计和建造，
在这一领域内具有一定的影响力。2015 年，于雷的 ASW 工作室在
北京设计周上展出了运用 3D 打印技术创作的"火神展亭（Vulcan
Pavilion）"（图 5-14）。"Vulcan"源于拉丁语，是火神、火山
的意思。"火神展亭"的造型是一个等边三角形，呈 120 度中心对
称，边长 8.08 米，高 2.88 米，形态如同火山喷发而形成的蘑菇云

15   于雷，清华大学建筑学博士，美国哈佛大学设计学院建筑学硕士(MArch)，建筑师学会数字建筑设计委员会（DADA）发起人之一，曾任职
      于美国 SOM 等知名建筑事务所 。2010 年于雷在北京成立 ASW（Archi-SolutionWorkshop），专注于数字设计和数字建造试验。
16   袁烽，建筑师，同济大学建筑与城市规划学院教授、博导，MIT 麻省理工学院客座教授。主要专注于将建筑设计创作与建筑机器人装备
      研发以及智能建造工艺的创新融合。他于 2003 年成立了上海创盟国际建筑设计有限公司，侧重研究数字设计及建造试验。

图 5-14　火神展亭（2015 年）ASW 工作室

状的拱形结构。是 ASW 工作室在对蚕茧连续多年的仿生研究基础上，模拟蚕丝结构进行的三维打印技术的适配和艺术的再创造，细节就是丝状编织的结构。"火神展亭"整体由 1086 块各不相同的三维打印单元集聚搭建而成，由 20 台大型打印机连续 30 天不间断打印，12 天现场搭建才得以完成。"火神展亭"通过挖掘蚕茧的仿生空间结构，将三维打印、空间构筑形态有机地结合在一起，形成一极富新意的编织空间。

　　与 ASW 工作室几乎同时，同济大学袁烽的创盟国际也进行了一系列的 3D 打印实验。2017 年，同济大学协同创盟国际和一造科技（上海一造建筑智能工程有限公司），运用 MP 材料实现了整体 3D 打印的编织网构展亭——"云亭"（图 5-15）。"云亭"是一个长 11 米、宽 11 米、高约 6 米的复杂曲面。其设计以离散结构单元系统为基底，采用结构性能分析的拓扑优化算法进行优化，通过基于结构性能的技术生成造型形式，然后将应力分布由算法转换为编织网格系统，再根据获得的应力变化，将其转化为五种不同密度的网格形式。"云亭"的打印材料是添加特殊纤维的热塑性高分子材料，由 6 轴机械臂通过空间打印加工而成。展亭被划分为 35 块，每块尺寸控制在长 5—7 米、高 1.5—2.5 米之间，以满足机器臂打印尺度的作业要求。基于编织打印的相对复杂性，"云亭"的打印加工时长为 500 小时，两套 3D 打印设备总共耗时 21 天。"云亭"项目旨在探索大尺度打印效率和编织结构的轻量化性能，体现了 3D 打印技术极大的潜力。2018 年创盟国际又制作打印了"西岸咖啡厅"和"云市"，其中"云市"参加了威尼斯建筑双年展。

　　3D 打印技术与编织工艺的有机结合，给我们打开了一个全新的视域。3D 打印可以不受形式的限制，加工制作出复杂的编织形态，编织结构的穿插起伏也能得到很好的还原展现。而且，现在的 3D 打印工艺精度高、表面光滑、成型速度快，最主要的是可以适用于各种传统编织式样和复杂的三维编织结构。虽然 3D 打印技术有很多优点，但也受到制约条件限制。首先，3D 打印机打印大尺度的构筑物时，需要昂贵的大型工业 3D 打印设备才能完成。其次，由于材料的局限

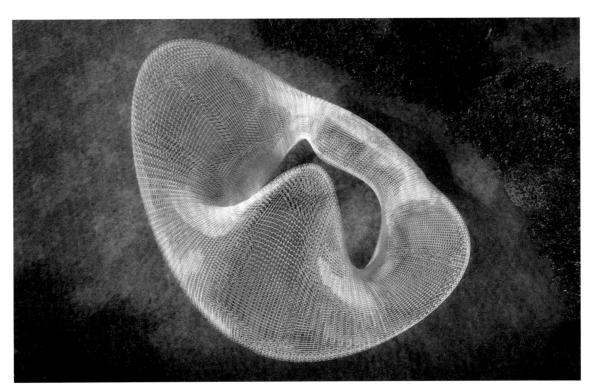

图 5-15 云亭（2017 年）同济大学 + 创盟国际 + 一造科技

性，现在国内常用的成本较低的打印塑料抗弯性能较差，因此三维
打印技术在材料和构件尺度方面仍有很大的发展空间。新型复合材
料和多轴自动化编程机器人或许是三维打印创新的驱动力。

（三）缝纫工艺的接入

　　缝纫是纺织行业的工作，起着连接布匹的作用，如果将缝纫工
艺与木材板材连接会带来什么样的创新？自动缝木工艺（Robotically
Sewn Wood）（图5-16）就是这种想法的一种创新实验。自动缝木
工艺通过机器人与缝纫机结合，实现了缝纫工艺在材料连接上的放
大。它结合服装设计和工业缝纫技术，缝制木壳机器人和缝纫手法
的嫁接使用，探索出融入传统缝纫工艺的木结构连接的新方法。机

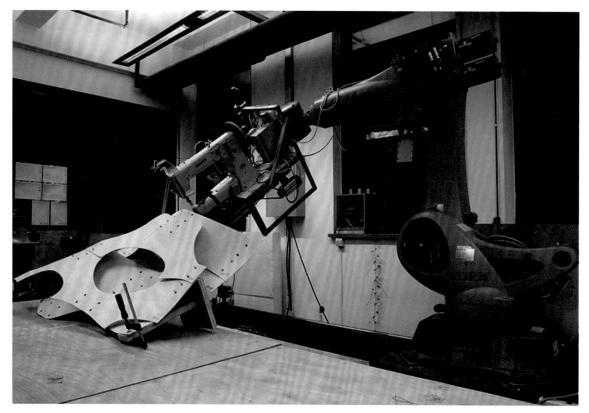

图5-16　自动缝木工艺（Robotically Sewn Wood）

械臂缝纫技术介入木板片弯曲缝纫的方式，让木材在建造中展现出新的形态样式。传统建造模式中很难预判板片材料的弯曲变形方式，更无法掌握弯曲所产生的复杂受力情况，基于机械臂与缝纫机结合的自动缝木工艺就很好地解决了这些难题。用薄胶合板代替织物，改变了材料柔韧性和刚度之间的关系，缝纫技术的运用为材料系统引入新的连接方式，并对材料的可能性进行了重新解读。自适应的缝木机器人可实现必要的放大和处理木片板材形状和材料连接之间的复杂关系。与服装设计中的缝纫工艺相比，自动缝木工艺依赖于数控执行预定缝合步骤，在这里，传感技术用于实现实时板材计算和机器人走线缝合的工作。在整个过程中，木片按顺序添加，并通过缝合工艺永久连接，如同布匹的缝纫一样。数字设计系统连贯地集成了材料特性、缝合路径和装配顺序，通过自动缝木工艺产生一个缝合的木片外壳，扩展了木材的可塑特征，同时展现了异于传统木构的独特纹理和构造方式。

2015 年，德国斯图加特大学进行了首次自动缝木工艺的"织造"实验。2015—2016 年 ICD/ITKE 研究展亭（ICD/ITKE Research Pavilion）"蓬状结构"（图 5-17）就是以片状木材为原料，运用自动化纺织缝纫技术手段制作而成的实验性结构，成为这种纺织缝纫技术在建筑尺度上的首次成功尝试。这个实验性"蓬状结构"的最大亮点在于分段式木板仿生结构与自动化纺织缝纫技术的结合，是第一个在建筑规模上采用木材元素和工业缝纫结合的展亭。展亭以沙海胆结构形式为原型，自主研发的缝木技术大大减轻了木结构的整体重量，并最大限度地提高了由分段式木板组合而成的壳体结构的性能。

"蓬状结构"展亭采用了基于自然分段板结构仿生研究和缝纫薄层胶合板的新型机器人加工的自下而上的双重策略。项目团队开发了一种缝合制造技术，可用于自动缝制山毛榉胶合板制成的弹性弯曲双层节段。工业机器人用于协助组装和弯曲组成单个构件的板条，然后通过固定式工业缝纫机将预组装的部分缝合锁定在形状上。在制造过程中，机器人首先在缝纫机中移动线束段，以便连接线束。

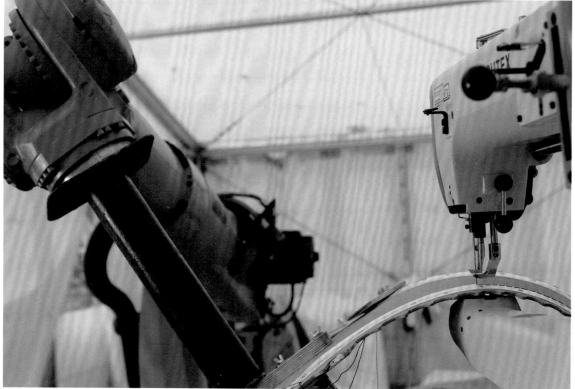

图 5-17　2015—2016 年 ICD/ITKE 研究展亭"蓬状结构"（2016 年）德国斯图加特大学

然后沿其边缘引导节段槽，以固定层压板，形成节段之间的花边连接。机器人和缝纫机通过定制软件集成和控制，这样可以确保在针穿透过程中不会发生横向移动。在木材结构中引入织物的缝纫连接方法，可实现极轻、高性能的分段木壳。壳体结构的仿生研究来自对海胆的研究，基于生物学原理和材料特性，展亭结构发展为类似于海胆次生生长的双层结构。构件由极薄的木片组成，利用木材自身的各向异性，这些板条被定制层压，弹性弯曲的平面木片通过机器人自动缝纫锁定形状。通过这种方式，项目组完成了 151 个不同的几何构件，组装形成刚性双曲壳结构。这种缝纫工艺的放大产生了一个缝合的木外壳，扩展了木构的连接特征，同时展现了独特的纹理和空间表达。

自动缝纫的介入，使木片板块的连接只需考虑木板的内张力和剪力的传递。木材对机器人操作、纺织缝纫技术和多元材料接头也有着极高的适应性。轻薄的木板用细密的缝线缝制而成，单元体通过齿状咬合和系带连接在一起。超薄木条的纹理方向和排列方式对应不同曲率所需的刚度，并在预制过程中完成了相应的弯曲变形。细密的缝纫"线脚"对超薄的多层夹板非常有效，甚至无须黏合过程。缝木技术不仅可以将单个木片组合成板材，同时还可以消除用胶粘合的潜在的脱胶现象。木片的切割、组合、弯曲和单元构件的缝合过程由机器人和台式缝纫机组合包揽。最终，这个重 780 千克，占地面积 85 平方，跨度 9.3 米的"蓬状结构"由 151 个各不相同的单元体组成，这些部分之间的连接均由机器人缝制而成。纺织缝纫技术的放大应用，让那些木片无须任何附加的金属制成结构便可独立存在，缝合的针脚也呈现出一种别样的美。

近几年，自动缝木工艺实验在国内也逐渐开始。2017 年"机器人木缝纫展亭"（图 5-18）项目在深圳设计互联（Design Society）海上世界文化艺术中心展出。该项目由同济大学建筑与城市规划学院数字设计研究中心（Digital Design Research Center, DDRC）与德国斯图加特大学计算设计与建造研究所（ICD）合作完成，由斯图加特大学阿希姆·门格斯教授与同济大学建筑与城市规划学

图 5-18　机器人木缝纫展亭（2017 年）DDRC+ICD　（图片来源：achimmenges）

院袁烽教授共同主持。"机器人木缝纫展亭"将机器人及其传感机制与服装设计及工业缝纫技术相结合，探索一种木构定制的新方法。服装设计中的织物被胶合薄板所代替，胶合薄板兼具柔韧性和刚性，以缝纫工艺作为接缝，将平面的胶合薄板连接成具有造型的三维曲面构造。在工作流程中，定制化的板材形状会被反复扫描，木板上的临时连接同时也是机器人能够识别的标记信息，机器人能够实时追踪这些标记以生成机器人缝合路径。机器人系统搭配实时传感的缝纫工具端进行板片缝合，木片被依次安装定位，并通过机器人缝纫工具进行永久连接。

　　这个木壳体结构利用可调控的自动化缝制和实时的感应技术，结合服装设计和工业缝纫的手法，既是对定制木构方法的创新，又是对传统缝纫工艺手法的继承。项目团队研究了服装设计中的样式及缝纫技术，缝纫技术延续了针线缝合的概念，将平面的布料裁制连接成三维的符合体型的成衣。该项目采用了一种可调控的自动化缝制工艺，实现扩大到实体尺寸的缝制，可精确处理不同形状板材与材料性能之间的复杂关系。缝制过程并不是按照预设程序执行动作，而是引入了实时感应技术，可以在动态过程中同步计算材料并调整自动缝制。在这个过程中，系统一直不停扫描正在进行缝纫的木板，它的形状大小被记录下来，同时，之前形成的状态也被标记并实时跟踪，以生成机器臂的运动轨迹。在此期间，木板一个接一个地陆续叠加，并通过缝纫技术永久地连为一体（图5-19）。这种材料与制造过程之间紧密的互动，成功实现了一个缝纫而成的木壳体结构，既充分发挥了木材的特性，又能形成独特的连接效果。

自动缝木工艺以机械臂与缝纫机结合，放在从前或许很难想象缝纫技术会在建造领域中发挥作用，这些"数字织造"实验看似尚未成熟，却已逐渐受到广泛关注。借由数字科技的应用，以跨学科的角度，结合研究生物学的成果，以仿生形态为研究切入点，综合数字科技的三维扫描、数据分析，再用设计软件导入参数进行计算生成虚拟造型，通过材料、结构的合理优化，完成以前无法想象的造型形态设计；再依据造型编写程序代码，用自开发的系统结合机械臂、机器人、无人机等数控设备进行操作实际建造。自适应的三维空间编织系统（数控技术＋机器人）带来的非人工的编织手段，彻底打破了"编织"须由人用双手劳作的传统印象，这种完全由机器人代替人进行编织制作的过程，在二十年前都无法想象。我认为这些实验至少能带来以下启发：

1. 向大自然学习永远是一项有效的创新方式。Achim Menges团队通过跨学科的仿生研究，模拟了多种生物的纤维结构特性，这是团队进行的多项编织实验的前提基础，也是编织与仿生学结合的一次尝试。

2. 自适应的机器人系统将有效推进新材料的编织应用。编织对于新材料的应用是个课题，机器人介入编织将有效推进这一进程。机器人的智能化、高精度、定制化特征有助于发掘新材料中的更多特性与功能，并拓展其编织应用范围。

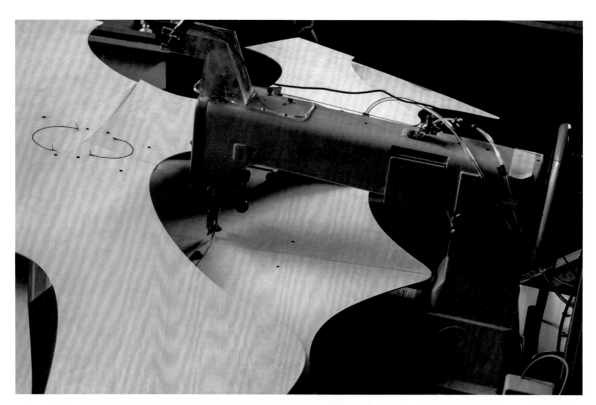

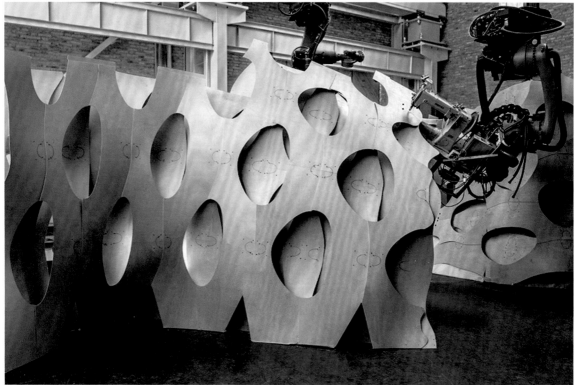

图 5-19　机器人木缝纫展亭制作过程

3."跨界"是第四次工业革命的基本特征。德国斯图加特大学ICD/ITKE团队的实验项目非常清晰地表明：不论是建筑领域，还是其他领域，"跨界"都已经成为第四次工业革命的基本特征与要素。正因为如此，阿希姆·门格斯教授才会非常乐观地认为，碳纤维与机器人将塑造第四次工业革命。从"跨界"拓展开去，我们将看到更多交叉碰撞形成的"火花"。

数字技术作为一种媒介，在数字设计与"数字织造"之间建立起了直接的联系，参数化设计有如"盲盒"的生形方案与直接对应于空间形态编织的加工方式，使编织在材料、样式、形态等因素之间的达到一种完全可控的平衡状态，且具有无限的扩展潜力。在这种高效的范式下，编织制作的人力资源成本大幅度降低，一体化驱动的策略在数字技术的配合下真正融入设计与制作之中。与此同时，"数字织造"应对的材料工艺呈现多元化的同时，也更深入地挖掘了材料特性，材料的拓展让"数字织造"的形态发展有了更多元的可能。在数字科技的技术革新与跨领域结合的背景下，数字设计与"数字织造"正飞速向多元化发展，这种多元化体现在编织材料的多元与编织形态的多元。另外，"数字织造"在体系化的统一控制下，从单一数控系统逐步转向多个数控智能系统的全局协作，如前文中斯图加特大学采用机械臂与无人机的协作配合进行大尺度的空间纤维编织等。目前，"数字织造"领域大多数数控设备的应用都是单一的系统或两种系统协作的结合，在未来会更多地应用多个数控系统的协作，当数控系统之间实现协同工作并建立起体系化的成熟系统时，"数字织造"的潜力还会有飞跃式的发展提升。

三、从"匠作技艺"到"数字织造"

编织作为一种流传千年的传统工艺，有其独特的美学魅力，这也是其在历史长河中得以流传而没有湮没的原因。编织是靠手的记忆且有温度的一种传统技艺，材料源于大自然，通过人的双手编织成日常器物，所以编织天然有着与人息息相关的亲和力。传统的编织技艺萌生于农耕社会的日常生活，并为生产生活服务，具有很强的实用价值。伴随时代的前进、工业化的发展，过去承担着提供生活必需品的手工艺（编织）逐渐失去了它原有的意义。同时，随着城市化进程和现代生活品质的不断提升，新的生活方式和审美观念也另立而成。传统的编织与时代发展逐渐脱节，难以满足现代人的消费需求和审美趣味，陷于一种式微没落的尴尬境地。正如日本作家盐野米松在其撰写的《留住手艺》中所说"应该说手工业活跃的年代，是一个制作人和使用人生活在同一个环境下，没有丝毫的虚伪的年代。社会的变迁势必要使一些东西消失，又使一些东西出现，这是历史发展的惯性。……"

也许，一百多年前的工艺美术运动倡导者威廉·莫里斯（William Morris）走过的路可以作为今天的映照。在 1880—1910 年间，英国曾掀起了一场轰轰烈烈的工艺美术运动，莫里斯是这场运动的主要推动者与领导者，他坚持反工业化的立场，钟情于中世纪手工艺的生产方式。但是，莫里斯没想到自己的观念有一个不可回避的矛盾。因为其后，他痛苦地意识到手工生产过于昂贵，无法与工业化的批量生产相匹敌。莫里斯对于他所憎恶的工业社会爱恨交加，最后他还是迈出了决定性一步：接受机器，学习机器的生产方式，然后以现代的方式设计制作，并使用耐久的新材料，引导机器来制作生产富有设计感的产品。由此，莫里斯开启了现代设计之路，打开了通往更美好世界的桥梁。同样，面对传统的手工"编织"和今天的"数字科技"，我们也无法回到农耕时代的手工艺层面，且坚持走传统"编织"之路，可能也会落入一种闭门造车与当今时代需求无法匹配的尴尬境地。所以，传统"编织"应该结合今天的科技发展，融合多元的设计语汇，以时代需求为导向，走出一条由手工艺精神塑造的科技化的"数字织造"之路。

17   （日）盐野米松：《留住手艺》，英珂译，南宁：广西师范大学出版社，2019 年，第 339 页。
18   威廉·莫里斯（William Morris，1834—1896 年），现代设计的先驱，英国工艺美术运动倡导者，德国工业同盟和包豪斯同样是以莫里斯的思想为起点的一种继承和发展。出生于英国沃尔瑟姆斯托，19 世纪英国设计师、诗人、早期社会主义活动家、自学成才的工匠。

编织是一种材料的艺术，理解和掌握编织材料的"物性"尤为重要。对编织材料的选择，对材料特性的把握，是手工编织艺人的经验与手的结合。手艺人常爱讲，干活时要"因合材料自身的脾气"。这里所说的"材料的脾气"就是材料的"物性"。当然，这是种比拟，但了解匠人们的学艺过程后就会明白，材料的特性的确是由他们双手一天天琢磨出来的。人和材料之间的磨合并不比人与人之间的沟通更容易。编织匠人如篾匠一般通过子承父业或拜师学艺的方式来继承手艺，但在学艺过程中，师傅往往可能只做不说，一方面是因为匠人不善言辞；另一方面也是因为很难用语言解释手艺的奥秘和精髓。因此，只有通过双手感知材料，并在编织中不断练习、理解、体悟。

编织的取材以"因时制宜，因地制宜"为原则，编织材料以草、苇、芒、麻、棕、藤、竹、木等为主，这些天然的材料是人类生产生活中不可或缺的自然资源，具有以下特征：纤维密度不同、个性不一；材料的性能强度偏差大；地域性强，表现在不同地区的天然材料偏差值大；材料的形状、性能不一。但天然材料是与人最为调和的材料，与人之间有着一种天然的亲和力。通常将天然材料加工成人工材料，以提高性能和纯度，减少地域性的偏差带来的形状与数量的限制。在充分保持天然材料个性和特性的基础之上，使之能适用于单一品种的大批量生产。

相对于"天然材料"而言，人造材料是经过人为加工或合成后的材料。随着科技的发展，许多新材料相继问世，复合纤维材料就是近年来发展起来的一种高性能复合材料。例如，碳纤维就属于复合纤维材料，碳纤维不仅具有碳材料的固有特性，而且具有纺织纤维的柔软性和可加工性，是新一代的增强复合纤维材料。近几年，以碳纤维和玻璃纤维为代表的纤维增强复合材料   在世界范围内发

19　纤维增强复合材料（Fiber Reinforced Polymer 或 Fiber Reinforced Plastic，简称 FRP）是一种以纤维为增强体的复合材料，由纤维材料和基体材料组成。根据增强材料的不同，常见的纤维增强复合材料分为玻璃纤维增强复合材料（GFRP）、碳纤维增强复合材料（CFRP）和芳纶纤维增强复合材料（AFRP）三种。

展迅速。从 2011 年或更早，德国斯图加特大学 ICD/ITKE 研究团队师生在阿希姆·门格斯教授带领下，以新的设计思路、新的材料工艺和新的建造方式为探索方向，共同完成了若干个极具实验性的建筑装置作品"ICD/ITKE 研究展亭"，其中在有六年的编织装置中使用了碳纤维增强复合材料（CFRP）和玻璃纤维增强复合材料（GFRP）。伴随新材料的不断出现，编织材料从原先的天然材料，逐步发展到复合的新材料，新材料的运用是编织基于时代发展的必然趋势，利用复合纤维材料将是未来编织的一个重要方向。

　　如果说材料是编织中物的要素，那"手"就是编织的工具或技术要素，因为传统的编织几乎完全靠这手艺人的一双手。"编织"作为一种手工技艺，其中的"手"是指代一种工艺的方式，而"技"代表了技巧、技能。在传统农耕社会中所有的手工艺都是以人工为主，编织也如是，即匠人借助"手"来完成编织劳作，所以，编织作为手工艺在人类学或社会学的范畴中是一种"匠作技艺"。传统编织不仅是手工劳动的结果，而且是借助某种手段和相关技能进行生产的过程，它是一种生产方式。编织作为手工艺，除了作为一种劳作的方式外，还代表了一种营生手段和一种生活方式。从社会学的角度来看，"手艺"代表了某种技能，主要依赖"手"或是人身体其他部分的直接接触或参与，而较少地利用工具或机器来完成某一项加工作业。手艺相对于机器生产，是农耕社会形态中生产的主要手段。所以，"编织"既是一种有形的绵延流传的物质形态，同时又包含着无形的世俗生态，民间特色和人文记忆，是实用与审美相结合的艺术形式。

　　编织作为手工技艺是"人"的观照。当我们回望以前的编织手

20　碳纤维增强复合材料（Carbon fibre reinforced polymer, CFRP）是以碳纤维或碳纤维织物为增强体，以碳或石墨化的树脂作为基体所形成的复合材料。碳纤维是由有机纤维或者低分子烃气体加热至 1500 度形成的纤维状碳材料，具有低密度、高强度、高模量、耐高温等等一系列的优良特性。碳纤维具有很高的强度比，轻量化效果非常明显，是一种轻型的高强度材料。

21　玻璃纤维增强复合材料（Glass fiber reinforced composite, GFRP）指以玻璃纤维及其制品为增强材料和基体材料，以合成树脂为基体材料复合而成的一种材料。玻璃纤维具有很高的强度，用玻璃纤维捻成的玻璃绳，可称是"绳中之王"，一根手指那样粗的玻璃绳，能吊起一辆载满货物的卡车，且玻璃纤维不怕腐蚀，既绝缘又耐热，利用玻璃纤维制成的光导纤维可以用于电话通信。

艺人时，不难发现"人"的价值问题并不孤立，因为"匠作技艺"的概念里"技艺"二字不可避免地要与人所构建的强大主体对话。技艺是"编织"作为手工生产的核心。技艺不仅是编织艺人在日积月累长期实践基础上形成的技能，也是与某种工艺相关知识的内容涵盖，技艺也是手艺人的生存资本。技艺的习得不是一朝一夕的结果，是日积月累的磨炼过程，是拜师学艺、自我体悟的积累过程。可以说，"人"和"技艺"直接构成了理解"编织"作为手工技艺的重要语境，造就了"编织"的独特人文气息，并让其能在社会的生产生活中保持长久的活力。诚如盐野米松在其著写的《留住手艺》中所说"手艺人制作的东西本来就是有温度有感情的。它会在你的生活中起到治愈的作用，能滋润我们的生活。"

从"匠作技艺"到"数字编织"也许是编织发展的时代必然。编织作为一种"匠作技艺"是依赖手工艺人的双手来编织和制作。心传与口授是民间编织手艺人的学习生活，"心传"是传技与艺，"口授"是授样与式。编织匠人的手艺学习从本质上来说就是其利用材料独自进行编织的能力，表现为心手合一，人（匠人）、器（工具）、材（材料）的统一，娴熟于手是编织匠人的基础，心到手到是编织的高度，这些于外在则表现为编织方法上的烂熟于心和编织技艺上的心灵手巧。而"数字织造"的到来是以数字科技为技术支撑，具有体系化、拟人化的数字技术概念。数字科技既是传统工艺手段的模拟和延续，也是编织生成的数字化过程。传统编织手艺人的"心传口授"变成了"数字编程"，通过对设计形态、材料组织、结构应力和制作步骤进行程序化的设置和控制，使用机械臂、机器人模拟传统手工编织，进行自适应的拟人化编织。"数字编织"的全流程是以数控设备为手段，建立起一个自适应的、系统化的全数控模式，以计算机和机械臂模拟编织匠人的"匠作技艺"。通过参数化设计将抽象形态与编织材料的物理特性和构造联系起来，存储在"数字

22　（日）盐野米松：《留住手艺》，英珂译，南宁：广西师范大学出版社，2019年，第8页。

匠人"的存储器中；在"编织"阶段，机械臂代替双手，在数字程控系统的控制下，输出特定的编织加工的程控数据进行编织的操作，形成了一种高度拟人化的"编织"模式。

作为一种生产方式，今天的编织事实上已经无法重归农耕时期的那种普遍性。今天的编织与以前的编织相同，但又不同。相同的是今天的编织是从代代传承的编织的这块传统的土壤里生长出来的，天然有着传统的基因，比如编织方法、纹样等；不同的是今天的编织已不再局限于手工艺人的双手，手工艺人的双手被机械臂、机器人所代替；材料也由原来的竹藤等天然材料，变成了纤维复合材料如碳纤维等；编织方法、纹样不再只是在熟练艺人的大脑里，而是储存在电脑里通过参数设计生成编织造型，再通过机械臂、机器人甚至无人机进行自适应的三维数字织造。也许有人会说，我更喜欢以前的手工编织，有人的温度，现在的 3D 打印编织就没有这种人的温度。以前手工编织肯定有其独特的魅力，但不可否认的是，在数字科技高速发展的今天，我们无法不去面对编织与数字科技结合，与参数化设计、新材料和数字制造结合的事实。事物的发展总有其道理，也总有一定的阶段性。本雅明在其所撰写的《机械复制时代的艺术作品》一书中针对科技的发展对艺术产生的影响进行了哲学反思。本雅明把艺术生产中的技术问题与生产关系和生产力联系起来，认为技术在艺术生产理论中占据着重要地位。技术的巨大革新为艺术形式带来的变化显而易见，技术因素的作用也越来越明显。正是因为新的生产技术的出现，传统艺术原有的生产模式被打破。不仅如此，新技术的出现还会推动传统艺术生产方式上的革新。从这一点上说，本雅明是认可科技在艺术生产关系中的价值和作用的。也许，科技的发展潮流其实没有好与不好之说，都是时代发展的选择。传统编织的没落与"数字编织"的兴起也是这其中的一种选择。

"数字编织"的到来使以前许多的不可能变成了可能，使建筑形态的生成多了新的手法。机械臂、机器人、无人机、3D 打印、自动缝木工艺等新的技术手段融入编织工艺，使编织的形态、尺度和复杂程度都有了新的拓展变化，形成了跨学科、跨专业的视域交织。

空间形态的编织与数字技术相结合的"编织"实验，为我们开启了一扇别样的门。科技已逐渐改变了我们的感知模式，今天的人比前人有着更开阔的视角，但是新技术、新思维依然没有完全进入我们的视野。历史的车轮滚滚向前，科技的发展带来了时代的变迁，这变迁包含生活生产方式和思维方式等诸多领域。当今时代，数字科技赋予艺术家、设计师更大的自由、更广阔的视野来探索新形态，激发进行跨学科、跨专业的新的紧密合作，以碰撞形成更丰富的创作"火花"。我们期许着全新的探索性地揭露世界的潜能，当我们审视数字科技，当我们面对时代发展被无数新事物裹挟之时，该如何重新定义与观照我们的发展创新？抑或从关注某个点（编织）开始，这些具体的点将成为发展创新拓展的对象。

结　语

1. 打开一扇门

编织作为一种手工艺，是人类最普遍和深远的生产生活方式之一，在漫长的历史演化中积淀了厚重的文化层。但是，在现代文明的冲击下，编织这种生生不息的力量逐渐被埋入时代河床的底层，传代无人，匠作技艺也越来越难以为继，残酷的现实凸显了编织作为手工艺，其自身再生能力的疲弱与无奈。对于这种时代的症候，我们似乎能从历史的源流分析中找到某种缘由和病因以及被忽视的文化价值，这一切必然是从对它的理性反思开始的。建筑形态的编织研究是编织在时代语境下的一种旁门侧击式的再造与生发，使它借由不同领域的衍生和拓展角度出发，从历史的纵向和时代的横向两个维度，以形态实验的方式重塑当代价值。

编织在其发展的道路上依着不同的方向，逐渐分野了两条路：一条偏感性的路，一条偏理性的路。偏感性的路可以接驳当代艺术的创作，以纤维艺术为导向，融合当代艺术的思想、理念和视野，广种深耕，走出一条超越材料属性、超越工艺手法，发掘基于隐藏在编织本身普遍存在但又尚未完全发掘出来的某种社会性的意涵、人性和情感的隐喻力量；偏理性的路可以连通建筑的形态语汇，即"织造空间"的编织之路。以编织作为一种有组织逻辑的建构分析，从建筑形态学的角度研究编织之于工艺领域之外的拓展与衍生。

编织为建筑形态创新提供了一种稳定多元的设计手法，通过手法挪用、语言重构、结构衍生、数字生成等形成一个相互联系又兼容的设计回路。基于编织思维而衍生的"编织空间"并不是在空白场地上以强制或者抽象的方式"预制"的固有形态，而是随着追寻和实验生成的编织形式，可能存在于现有生物学、地理学、社会结构甚至计算机参数程序本身当中的某种编织形态。从材料构造的角度体现编织在形态表现和结构表现上的丰富性，同时也满足数字时代人们对编织的功能性、时尚感、复杂度的多重需求。"编织空间"打开了编织在建筑领域的一扇门，提出了一个不同视角和一种发展方向。作为后现代主义新范式的一个重要层面，它与现代设计思维中的简单性、决定性和普遍性等概念相对而存在。

2."编织"的新范式

手工技艺与数字科技相融合，使得编织这种传统工艺在新技术手段下获得前所未有的表现力。"数字编织"的到来，是以参数化、3D 打印、机器人、无人机、人工智能（AI）为代表的数字科技为技术支撑，具有设计、材料和制作三者一体化的概念。"数字编织"既是编织工艺手段的再开发，设计生成的新手法，也是编织形态的制作生成过程。我们展望自适应的三维空间编织系统（参数设计 + 编程 + 机器人）带来的非人工的编织手段，这种手段彻底打破了"编织"来自手工的传统观念。这种数字化的编织范式使编织形态表达出清晰的建构逻辑，体现在线性材料缠绕出复杂空间结构时的有序和准确。

通过数控自动化技术将材料、形态和结构等因素高度整合的编织构筑物映射了一种崭新的设计逻辑和工作方法。在大多数人尚处于对算法设计（algorithmic design）、非线性（non-linealf）、数字编程（Digital programming）等一系列的概念感到新奇时，许多前卫设计师及学者已经引入数字科技进行创新实验，而其所衍生的创新结果则令人兴奋不已。德国斯图加特大学完成的一系列大型的碳纤维编织的"数字编织"实验印证了这一点，其编织的复杂形态是超出我们的固有认知之外的。在数字科技日益快速发展的今天，机器人正逐步替代人类完成许多手工的劳作任务，机器人已经完全可以像人一样进行编织的复杂操作，而且比人更快更准确。"数字编织"带来的机遇从根本上改变编织行业内原有的工作流程。虽然就目前而言，这一进展只表现在建筑和不同研究领域之间的交叉实验项目的边缘，但这一系列设计方法、设备技术、工序流程可能不久就会达到临界推广的水平，从而渗透到主流的设计创作中去。在"数字编织"的新范式下，设计逻辑不再限定于从二维到三维的编织设计思路，取而代之的是在脚本、算法、仿生、迭代等手段的限定下，整体"生成"空间形态的策略，这种新的思维方式让编织设计形态的复杂性得以轻松实现，并在其复杂性的基础上呈现出参数化设计所特有的高度逻辑性与复杂性的数字美学。

"数字编织"从根本上影响了编织的设计范式与设计思维，其在编织工艺的影响力是前所未有的，将对编织产生革命性的影响。无论是对编织材料的挖掘与拓展，还是跨学科的融合创新，都展现出了"数字编织"在建筑领域中的巨大潜力，这些全新的编织加工方法的出现突破了传统手工编织的约束，优化了设计形态，提升了编织的制作效率。同时，"数字编织"也改变了设计思维与审美，其生成的复杂编织形态是结合数字技术才有的一种美学。如今，随着计算机与工业机器人等数字工具开始融入编织创作的过程中，不断扩展形态语言的边界，并介入从设计到编织制作的生产环节。至此，编织的数字化转型开始引导形态学的范式由"平面美学"层面向"编织空间"层面的转移。在"数字编织"的工作环境下，设计师通过有效地利用机器人等数字加工和编织手段，拓展编织形态的自身范畴，即运用高精度、高效率、高灵活性的机械臂、机器人等数字设备，将多学科的元素创新性地融入编织形态设计中。在数字化技术的参与下，编织体现出内在几何逻辑的特征，如几何排线、材料参数、受力荷载、数理结构等属性，这些属性带来了"数字编织"下编织形态的丰富变化。

数控机器人等数字工具对"数字编织"创造性的贡献迫使我们突破传统的设计思维，接纳外化的工具思维。"数字编织"中编程和代码作为核心的思维范式开始导向新的生成流程。不同于编织以前的常规流程，"数字编织"通过人机协作正在搭建起新的"形态"与"编织"间的路径桥梁。数字化工具建构下的设计"编织"一体化流程从设计目标出发，通过逻辑与推演得到可视的预设成果，其中生形、模拟、迭代、优化与编织被整合为完全一体化的工作流程。在这种从设计到"编织"建筑形态的一体化过程中，机器之间的数据传递在工作流程的各个阶段之间构成了网络化的反馈关系，同时人作为整个流程的控制主体，又始终与机器保持着有机的同步协作状态。一体化的工作流程借由系统化的数控设备进行无缝衔接的编织工艺流程，打通了从纤维材料、编织样式到空间形态的制作壁垒，编织的生产分工与设计创作正在面临被重新定义的局面，未来的"织造"形态也将随之变得丰富多样。

作为一种完全数字化的平台，"数字编织"中机器人软硬件技术的研发，为其一体化或系统化提供了可能。在数字技术的加持下，编织的形态模型可以为"数字编织"的各阶段提供精准的参数化数据，通过建立合适的数据接口和转译，设计数据完全可以无缝延伸至编织制作的各个阶段，从而实现一体化自生成的形态目标。这也驱动了作为数字化平台的机器人通过编程打通数据链，充分借助数据系统平台，来实现"数字编织"的流程与工作方法。"数字编织"的机器人平台需要打通机器人在设计软件中的开放环境，通过将机器人等数控设备整合到设计软件中，以便能够在设计阶段将材料与编织形态等因素进行综合考虑。同时建立起针对不同工业机器人的开放接口，解决机器人控制中的共性技术问题，实现多平台间数据互通。编织形态的复杂性决定了机器人需要处理的材料以及执行工艺的多样性，机器人编程平台需要能够定制机器人模块、机器人工具端，个性化地满足不同编织制作任务对机器人编程方式的需求。基于以上原则，需要开发"数字织造"机器人控制与编程软件平台，其目标在于打通设计、机器人、编织流程三者之间的数据链，从而实现设计和编织的一体化，提升工作效率与智能化水平。

数字建造是当今建筑领域的热门话题，而"数字编织"则是其中的前沿课题，高新纤维材料与机器人的出现开启了一个全新的编织领域。国内外许多高校和科研团体已经开始了多项"数字编织"的研究工作，如瑞士苏黎世皇家理工学院、麻省理工学院等在 3D 打印技术、高新材料、数字编织等领域进行了多种探索，德国斯图加特大学研究团队 ICD/ITKE 每年都会组织学生进行编织的数字建造实验。国内的清华大学、同济大学、天津大学、东南大学、哈尔滨工业大学等近年来也开始致力于"数字编织"的实验与实践，近年来积极引进新技术新设备，逐步把"数字编织"作为一个建筑重点实验研究领域。

在数字技术飞速发展的时代背景下，"数字编织"必然将会是一种跨领域的、可持续发展的新编织。基于数字技术的"数字编织"，会跟随时下技术的发展快速建立起一整套的方法体系。从目前的前沿探索看，工业制造、人工智能、生物学、大数据、数字技术等学科都已经与艺术设计行业建立起了密切的联系，这种跨领域、跨学科横向发展的局面已然出现。然而，当今的趋势只是开始，在未来的发展中基于机械臂、机器人的数控技术和数字设计必然会以爆发式的速度拓展跨领域行业的合作关系，未来我们需要具备更广阔的眼光与创造力去探索跨领域的碰撞融合，实现不同学科的交叉合作。

如果说将机器人技术引入编织领域实现"数字编织"，只是为了实现工业文明自动化的一种理性或趋势化的转换，那也许未免过于短视了。实际上，这种趋势潜在的复杂性在于：采用数字手段，将设计与编织工艺进行高度整合，为编织的空间形态创新带来新机遇、开辟新领域，而这种创新也给其他领域如建筑学带来形态语汇的拓展。以机器人为代表的一系列数字技术的植入，不是一种单纯的生产模式的提升，而是随着工业化进程而产生的一种颠覆性的创作方法。在某种程度上，"数字编织"的这种创作方法区别于传统的编织工艺模式，因为它更易于兼容跨领域的知识和技术，融合后产生新的交集和发现新的领域。这是伴随数字技术的加持，表达为建筑领域的一系列编织形态实验的成果体现，这些成果对传统的编织工艺而言几乎是不可思议的。我们需要创造一种新的工艺文化，去应对技术时代的诘问——新的议题迫切要求我们突破人本主义的藩篱，从另一个人机共生的视角去审视人与技术、人与时代、人与社会之间的多元关系，通过构建开放兼容的新领域，来探索并优化未来艺术与设计化的发展模式。

3. 交织多向的拓展之路

我们常说技术是造就变化的时代力量。但现代技术哲学的开创者、法国哲学家贝尔纳·斯蒂格勒（Bernard Stiegler）在冷静观察技术对人类的影响后，曾发出郑重的警告："技术是人类的解药，也是人类的毒药。我们要对技术的高速发展心存警惕。我们需要创造一种新的技术文化，去应对技术的时代。"斯蒂格勒认为人类始终处于进化中，始终在被技术所塑造……技术对人类影响如此之大，不能被忽略。斯蒂格勒在重新确立技术重要性的过程中，又始终对技术抱有警惕。基于时代背景下的"数字编织"，绝非是对传统编织技艺复杂现象的简单挪用和模拟，在其表象背后是对守旧思维和机械教条主义的反刍，以对单一逻辑和简单思维的批判，探索和找寻编织跨界的可能性、实验的多变性、内容的多义性和形态的多样性。我们既要顺应时代的发展，以技术带动传统工艺的转变与再生，又要不落入唯技术论的陷阱。技术只是手段，人才是目的。技术是为了人更好地可持续发展的需要。

当然，任何理论都有一定的时代背景和适用范围，没有一种理论是一劳永逸的。本书中的"编织空间"是一个相对的、动态的概念，具有多元性和多义性，不是绝对的、一成不变的。本书的研究不只是对编织在建筑领域的归纳总结，是开启视域，引出话题，是将研究对象置于一个动态、开放的系统中，试图构建一个能够从理论、实践和具体策略层面对其进行客观、全面解读的理论平台，借由这样的研究角度为编织在建筑领域的创新运用提供理论和实践上的突破。受传统思维的禁锢与专业门第的限制，在细分到各专业各方向的今天，缺乏的是开源思维和宽阔视野，新技术和新思维的引进和实验仍然非常薄弱。因此，对跨学科领域带来的新思维的研究和探索显得尤为迫切。时代也要求我们对艺术与科技的新趋势研究不应只停留在表面描述和经验分析的水平上，而应进入到语言层面、材料层面、技术层面和形态层面进行更深层次的探究。鉴于时间和能力有限，无法在这里对建筑领域的编织形态研究进行更系统、更详尽的研究和分析。本文作为一种抛砖引玉式的探究，希望能打开一个新的视域，对于该领域的研究仍有很大的空间和发展潜力。随着人们对跨界融合认识的加深，以及更多新技术、新材料的开发和普及，必将催生出更丰富、更大胆的编织形态。

处在科技发展日新月异的今天，科技与传统如何结合？我们又该何去何从？这是我们这代人需要回答的时代问题，答案似乎没有那么简单。对于传统工艺而言，这个时代也许是最好的时代，也许是最差的时代。在如今纷繁芜杂的时代背景下，科技与传统都不可偏废。科技是第一生产力，促进社会进步；但传统是我们的根，是文化之魂。当我们在不断纠结于人脑和人工智能、双手和机械臂孰优孰劣的问题的时候，未来向我们开启了一扇维度更为复杂和多彩的造物之门。编织这样的传统工艺如何搭上数字快车，如何结合高科技来一次逆袭？这也许是我们需要进一步讨论的问题。

科技已逐渐改变了我们的感知模式，今天的人比前人有着更开阔的视野。我们应本着开源的心态，期许挖掘传统的潜能，抑或可以从某个点（编织）的实验开始。所谓创新，无非是在同质异化[1]和异质同化[2]中找到切入的点，而"编织空间"的提出，就是开辟一条借由数字科技的编织拓展之路。编织与数字技术的结合，可以打破传统编织的固有模式，形成化学反应式的创新，能极大地拓展编织的语汇边界。事物的发展取决于我们的眼光和思维模式，今天，我们的思维应该是交织的、多向的、空间的，而不应该是固化的、单

1　同质异化，是指把决定现有事物与待发明事物相同点或相似点的原理、结构、形状或其结合运用于发明创造，创造出具有该相同点或相似点的新事物。

2　异质同化，是指在创造发明新事物时，借助现有事物的知识进行分析研究，找出待创造事物和现有事物之间的相同点或相似点的过程。

一的、扁平的。正如美国企业家埃隆·马斯克（Elon Musk）所说，
"你难以想象自己有多么无知，因为你的认知范围外仍有星辰大海"。
在互联互融的今天，编织这样的传统工艺正与数字科技、信息技术、
人工智能、生物科学和新材料等诸多领域发生碰撞，带来日新月异
的变化。我们需要做的，或许就是彼此共进化，竭力避免落入"失控"
的境地。唯有这样，才能飞得更高更远。

附　录

参考文献

一、图书文献：

1、古代典籍：

（1）[汉]班固著，[唐]颜帅古注.汉书[M].北京：中华书局，1962.

（2）[西汉]刘安撰、顾迁译注.淮南子[M].北京：中华书局，2009.

（3）[南朝梁]萧子显.南齐书[M].北京：中华书局，1972.

（4）[北魏]贾思勰.齐民要术[M].北京：中华书局，1956.

（5）[南北朝]不详.三辅黄图[M].北京：国家图书馆出版社，2003.

（6）[宋]孟元老.东京梦华录[M].北京：中华书局，1959.

（7）[宋]李诚.营造法式[M].王云五主编，台北：台湾商务印书馆，1956.

（8）[清]孙诒让.考工记[M].北京：人民出版社，2020：13.

（9）[宋]吴自牧.梦粱录[M].上海：上海古典文学出版社，1956.

（10）[宋]祝穆.宋本方舆胜览[M].上海：上海古籍出版社，1986.

（11）[元]司农司.农桑辑要[M].北京：商务印书馆，1936.

（12）[明]徐光启.农政全书[M].北京：中华书局，1956.

（13）[明]宋应星.天工开物[M].北京：中华书局，1959.

（14）[明]张岱.陶庵梦忆[M].上海：上海古籍出版社，1982.

（15）[明]徐宏祖.徐霞客游记[M].上海：上海古籍出版社，1979.

（16）[明]顾岕.海槎余录[M].民国影印明代版本.

（17）[清]杨屾、宋联奎.豳风广义[M].西安：陕西通志馆，1936.

（18）[清]沈日霖.粤西琐记[M].世揩堂藏刻版.

（19）[清]戴震.考工记图[M].北京：商务印书馆，1956.

2.中文著作：

（20）[美]伊利尔·沙里宁.形式的探索[M].顾起源，译.北京：中国建筑工业出版社，1989.

（21）马炳坚.中国古建筑木作营造技术[M].台北：台北博远出版公司，1993.

（22）王世襄.清代匠作则例[M].郑州：大象出版社，2000.

（23）杭间 . 手艺的思想 [M]. 济南：山东画报出版社，2001.

（24）[德] 瓦尔特·本雅明 . 机械复制时代的艺术作品 [M]. 王才勇，译 . 北京：中国城市出版社，2002.

（25）[德] 彼得·比格尔 . 先锋派理论 [M]. 高建平，译 . 北京：商务印书馆，2002.

（26）浙江省文物考古研究所 .《河姆渡——新石器时代遗址考古发掘报告》(上)[M]，北京：文物出版社，2003.

（27）[英] 约翰·奇尔顿 . 空间网格结构 [M]. 高立人，译 . 北京：中国建筑工业出版社，2004.

（28）[法] 吉尔·德勒兹，德勒兹论福柯 [M]. 杨凯麟，译 . 南京：江苏教育出版社，2006.

（29）陈治邦、陈宇莹 . 建筑形态学 [M]. 北京：中国建筑工业出版社，2006.

（30）沈克宁 . 建筑现象学 [M]. 北京：中国建筑工业出版社，2006.

（31）[美] 约翰·霍兰 . 涌现：从混沌到有序 [M]. 上海：上海科学技术出版社，2006.

（32）[美] 罗伯特·文丘里 . 建筑的复杂性与矛盾性 [M]. 周卜颐，译 . 中国水利水电出版社，2006.

（33）[新西兰] 肖恩·库比特 . 数字美学 [M]. 赵文书、王玉括，译 . 北京：商务印书馆，2007.

（34）杭间 . 中国工艺美术史学 [M]. 北京：人民美术出版社，2007.

（35）田小杭 . 中国传统手工艺全集：民间手工艺 [M]. 郑州：大象出版社，2007.

（36）沈琨 . 中国传统竹编 [M]. 北京：人民美术出版社，2007.

（37）刘敦愿 . 大汶口文化陶器与竹编艺术，《美术考古与古代文明》[M]. 北京：人民美术出版社 .2007.

（38）[美] 肯尼思·弗兰姆普敦 . 建构文化研究 [M]. 王骏阳，译 . 北京：中国建筑工业出版社，2007.

（39）[俄] 卡冈 . 艺术形态学 [M]. 凌继尧，金亚娜，译 . 上海：学林出版社，2008.

（40）[美] 维多利亚·巴拉德 – 贝尔，帕特里克·兰德 . 建筑设计的材料表达 [M]. 朱蓉，译 . 南宁：广西人民美术出版社，2008.

（41）[英] 尼尔·林奇，徐卫国 . 数字建构——青年建筑师作品 [M]. 北京：中国建筑工业出版社，2008.

（42）[法] 加斯东·巴什拉 . 空间的诗学 [M]. 张逸婧，译 . 上海：上海译文出版社，2009.

（43）朱淳，邵琦 . 造物设计史略 [M]. 上海：上海书店出版社，2009.

（44）卢永毅 . 建筑理论的多维视野 [M]. 北京：中国建筑工业出版社，2009.

（45）[德] 克里斯汀·史蒂西 . 建筑表皮 [M]. 贾子光，张磊，姜琦，译 . 大连：大连理工出版社，2009.

（46）蓝青 . 结构生态学：Emergent 作品 [M]. 武汉：华中科技大学出版社，2009.

（47）[德] 戈特弗里德·森佩尔 . 建筑四要素 [M]. 罗德胤，赵雯雯，包志禹，译 . 北京：中国建筑工业出版社，2010.

（48）[德] 温菲尔德·奈丁格，艾琳·梅森那，爱伯哈德·莫勒，莫亚娜·格兰斯基 . 轻型建筑与自然结构——弗雷·奥托作品全集 [M]. 柳美玉，杨璐，译 . 北京：中国建筑工业出版社，2010.

（49）[英] 洛兰·法雷利，构造与材料 [M]. 大连：大连理工出版社，2010.

（50）[英] 尼尔·林奇，徐卫国 . 数字现实——青年建筑师作品 [M]. 北京：中国建筑工业出版社，2010.

（51）李砚祖 . 造物之美：产品设计的艺术与文化 [M]. 北京：中国人民大学出版社，2010.

（52）唐寰澄 . 中国木拱桥 [M]. 北京：中国建筑工业出版社，2010.

（53）[日] 柳宗悦 . 工艺之道 [M]. 徐艺乙，译 . 桂林：广西师范大学出版社，2011.

（54）孔宇航 . 非线性有机建筑 [M]. 北京：中国建筑工业出版社，2011.

（55）[瑞士] 安德烈·德普拉泽斯 . 建构建筑手册 [M]. 大连：大连理工大学出版社，2011.

（56）万辅彬，韦丹芳，孟振兴 . 人类学视野下的传统工艺 [M]. 北京：人民出版社，2011.

（57）[美] 唐·伊德 . 技术与生活世界：从伊甸园到尘世 [M]. 韩连庆，译 . 北京：北京大学出版社，2012.

（58）[英] 尼尔·林奇，袁锋 . 建筑数字化建造 [M]. 上海：同济大学出版社，2012.

（59）[加] 威尔伯斯，刘延川，徐丰 . 参数化原型 [M]. 北京：清华大学出版社，2012.

（60）[美] 阿里·拉希姆 . 催化形制：建筑与数字化设计 [M]. 叶欣，译 . 北京：中国建筑工业出版社，2012.

（61）蔡江宇，王金玲.仿生设计研究 [M].北京：中国建筑工业出版社，2013.

（62）麦永雄.德勒兹哲性诗学：跨语境理论意义 [M].南宁：广西师范大学出版社，2013.

（63）马锋辉，施慧.纤维，作为一种眼光 [M].杭州：中国美术学院出版社，2013.

（64）[美] 赫德·里普森，麦尔芭·库日曼.3D 打印：从想象到现实 [M].赛迪研究院专家组译.北京：中信出版社，2013.

（65）[德] 阿尔布莱希特·维尔默，论现代和后现代的辩证法 [M].钦文，译.北京：商务印书馆，2014.

（66）[德] 赫尔曼·鲍辛格，技术世界中的民间文化 [M].户晓辉，译.南宁：广西师范大学出版社，2014.

（67）袁烽，[德] 阿希姆·门格斯、[英] 尼尔·林奇.建筑机器人建造 [M].上海：同济大学出版社，2015.

（68）[美] 克里斯蒂安·马汀.纺织——古老技艺的方法样式和传统 [M].刘悦，译.长沙：湖南科学技术出版社，2016.

（69）[德] 克劳斯·施瓦布.第四次工业革命：转型的力量 [M].李菁，译.北京：中信出版社，2016.

（70）袁烽.从图解思维到数字建造 [M].上海：同济大学出版社，2016.

（71）徐卫国.参数化非线性建筑设计 [M].北京：清华大学出版社，2016.

（72）[古罗马] 维特鲁威，建筑十书 [M].陈平，译.北京：北京大学出版社，2017.

（73）[美] 丹尼尔·贝尔.后工业社会的来临 [M].高铦，王宏周，魏章玲，译.南昌：江西人民出版社，2018.

（74）[日] 坂茂事务所.坂茂和他的建筑 [M].南宁：广西师范大学出版社，2018.

（75）[日] 日经建筑.坂茂 [M].范唯，译.北京：北京美术摄影出版社，2019.

（76）[越] 武重义.无限接近自然——武重义的建筑设计美学 [M].长沙：湖南美术出版社，2019.

（77）刘可为，许清风，王戈，陈复明，冷予冰.中国现代竹建筑 [M].北京： 中国建筑工业出版社，2019.

（78）邱松，等.设计形态学研究与应用 [M].北京：中国建筑工业出版社，2019.

（79）[法] 吉尔·德勒兹 . 差异与重复 [M]. 安靖，译 . 上海：华东师范大学出版社，2019.

（80）[日] 盐野米松 . 留住手艺 [M]. 英珂，译 . 南宁：广西师范大学出版社，2019.

（81）丁烈云 . 数字建造导论 [M]. 北京：中国建筑工业出版社，2019.

（82）何政，来潇 . 参数化结构设计基本原理方法及应用 [M]. 北京：中国建筑工 业出版社，2019.

（83）[法] 贝尔纳·斯蒂格勒 . 技术与时间 [M]. 方尔平，译 . 南京：译林出版社，2019.

（84）[日] 日经建筑 . 世界木造建筑设计 [M]. 王维，译 . 南京：江苏凤凰科学技术出版社，2020.

（85）袁烽，[德] 阿希姆·门格斯 . 建筑机器人——技术、工艺与方法 [M]. 北京：中国建筑工业出版社，2020.

（86）徐卫国 . 数字建筑设计理论与方法 [M]. 北京：中国建筑工业出版社，2020.

（87）燕海南，杨艳，曹雅男，王军 .Grasshopper 参数化技术：从基础建模到数字设计 [M]. 武汉：华中科技大学，2022.

3. 外文著作：

（86）Eduard F.Sekler,The Stoclet House by Josef Hoffmann, in Essays in the History of Architecture Presented to Rudolf Wittkower[M]. London: Phaidon Press, 1967.

（87）Frangoise Tellier-Loumagne, The Art of Knitting: Inspirational Stitches, Textures and Surfaces, Thames and Hudson Ltd; 01 edition, 2005.

（88）Daniel Libeskind, Paul Goldberger, Counterpoint: Daniel Libeskind in Conversation with Paul[M]. Europ: The Monacelli Press, 2008.

（89）Branko Kolarevic, Kevin Klinger, Manufacturing Material Effects: Rethinking Design and Making in Architecture, Routledge, 2008.

（90）Lisa Iwamoto, Digital Fabrications Architectural and Material Techniques[M]. New York: Princeton Architectural Press, 2009.

（91）Shu Hung and Joseph Magliaro, By Hand – The Use of Craft in Contemporary Art, [M].Princeton：Princeton Architectural Press, 2010.

（92）Hartmut Bohme,Art & Textiles: Fabric as Material and Concept in Modern Art from Klimt to the Present[M]. Berlin; Hatje Cantz. 2014.

（93）Nick Dunn. Digital Fabrication in Architecture[M].London,Laurence King Publishing,2018.

（94）Stphane Martin,Fendre L'Air—Art of Bamboo in Japan[M].Tokyo,Skira Editore,2019.

（95）Olivier Boissière and Jean Nouvel, Louvre Abu Dhabi: The Story of an Architectural Project (ARCHITECTURE) [M].Skira Paris,2019.

插图目录

绪　论

第一章　编织：一种物的形态

第二章　从物到空间的编织

图 2-2 特立尼达印第安人棚屋（图片来源：白海军. 回味殖民时代黑脚印第安人的帐篷生活 [J]. 碳客地理，2016(4)）

图 2-3 非洲吉布提阿法尔小屋（图片来源：nomads.org）

图 2-4 巢居（图片来源：北京市文物研究所编. 吕松云、刘诗中执笔. 中国古代建筑辞典 [M]. 北京：中国书店，1992：34）

图 2-5 河姆渡遗址干栏式建筑（图片来源：作者自摄）

图 2-6 云南翁丁佤寨干栏建筑（图片来源：Qunar）

图 2-7 蒙古包的哈那（图片来源：中国网草原频道 2016 年 12 月 1 日圆明畅文章《蒙古包：草原游牧人的穹庐》）

图 2-8 非洲南非纳塔尔祖鲁人穹形茅屋（图片来源：江苏南京 LABIRD 往造国际设计工作坊）

图 2-9 埃塞俄比亚奥莫山谷原始部落的象屋（图片来源：美篇 2020 年 2 月 1 日文章《Dorze 部落的象屋——走进非洲最后的原始部落之一》）

图 2-10 非洲卢旺达国王宫殿（图片来源：《环球时报》2020 年 5 月 12 日文章《真狂野！10 种土房子里的原味非洲》）

图 2-11 非洲南苏丹图克尔（Tukels）（图片来源：《环球时报》2020 年 5 月 12 日文章《真狂野！10 种土房子里的原味非洲》）

图 2-12 竹篾编壁（图片来源：美篇，丁浩文章《箭板，隐于崇山鲜为人知的古镇》2021 年 2 月 24 日）

图 2-13 也门提哈姆地区乌沙（图片来源：个人图书馆 2021 年 9 月 10 日文章《地域文化——世界各地特色民居》）

第三章 作为建筑形态的编织

图 3-1 云南德兴藤桥（图片来源：Qunar）

图 3-2 上海世博会西班牙馆（图片来源：作者自摄）

图 3-3 竹编的不同样式（图片来源：张富荃主编，阅竹——竹编花器美学 [M]. 台北：居意古美术，2016.）

图 3-4 越南风和水酒吧（wNw Bar）酒吧（图片来源：[越] 武重义. 无限接近自然——武重义的建筑设计美学 [M]. 长沙：湖南美术出版社，2019.）

图 3-5 越南 Nocenco 咖啡厅（图片来源：[越] 武重义，无限接近自然——武重义的建筑设计美学 [M]. 长沙：湖南美术出版社，2019.）

图 3-6 2000 年德国汉诺威世博会的"大屋顶"（2000 年）托马斯·赫尔佐格（图片来源：托马斯·赫尔佐格 . 世博会大屋顶·汉诺威·德国 [J]. 世界建筑师 .2007(6)：28.）

图 3-7 韩国骊州赫斯利九桥高尔夫球俱乐部（2010 年）坂茂（Shigeru Ban）（图片来源：[日] 日经建筑编，坂茂 [M]. 范唯，译 . 北京：北京美术摄影出版社，2019.）

图 3-8 阿尔比大剧院的金属网外立面（2014 年）多米尼克·佩罗（图片来源：ArchDaily）

图 3-9 金属"锁子甲"包裹的韩国首尔 Kukje 艺术画廊（2012 年）纽约 SO-IL 建筑事务所（图片来源：ArchDaily）

图 3-10 巴塞尔展览中心新馆的渐变拉伸金属网外立面（2013 年）赫尔佐格 & 德梅隆（图片来源：ArchDaily）

图 3-11 伦敦盖伊医院立面的金属编织网（2007 年）赫斯维克（Thomas Heatherwick）（图片来源：Wooooooow）

图 3-12 唐寰澄对虹桥结构的推测示意图（图片来源：唐寰澄 . 中国木拱桥 [M]. 北京：中国建筑工业出版社，2010.）

图 3-13 杭州南宋御街博物馆（2009 年）王澍（图片来源：《结构札记》2019 年10 月 31 日刘康文章《苔花如米小，也学牡丹开——传统互承结构的当代应用》）

图 3-14 东京微热山丘甜品店（2013 年）隈研吾（图片来源：建筑界 2020 年 3 月20 日文章《隈研吾设计东京南青山 SunnyHills 微热山丘甜点店》）

图 3-15 苏州科技文化艺术中心（2007 年）保罗·安德鲁（Paul Andreu）（图片来源：作者自摄）

图 3-16 1967 年加拿大蒙特利尔博览会德国馆（1967 年）弗雷·奥托（图片来源：[德] 温菲尔德·奈丁格，艾琳·梅森那，爱伯哈德·莫勒，莫亚娜·格兰斯基 . 轻型建筑与自然结构——弗雷·奥托作品全集 [M]. 柳美玉，杨璐，译 . 北京：中国建筑工业出版社，2010.）

图 3-17 德国慕尼黑奥林匹克体育场（1972 年）弗雷·奥托（Frei Otto）（图片来源：黄元炤，横跨的蜕变与丰厚的凝聚：以伊冯·法雷尔和谢莉·麦克纳马拉的获奖来审视普利兹克建筑奖（1979—2020 年）的评判轨迹 [J].DOMUS 国际中文版，2020（4）.）

图 3-18 德国曼海姆多功能大厅（图片来源：吾超 . 曼海姆多功能厅 [J].UED，2015

（11）：182—184.）

图 3-19 2000 年德国汉诺威世博会日本馆（2000 年）坂茂（Shigeru Ban）（图片来源：[日]坂茂事务所，坂茂和他的建筑 [M].南宁：广西师范大学出版社，2018.）

图 3-20 北京五环廊桥（槃达中国 Penda 设计）（图片来源：gooood）

图 3-21 新加坡双螺旋桥 Helix Bridge（2010 年）COX 集团、ARUP 公司和 Architects61 公司（图片来源：BUDCS）

图 3-22 直布罗陀海峡大桥方案（图片来源：齐玉军，FRP 编织网结构受力性能及设计方法研究 [D]，北京：清华大学，土木工程博士学位论文，2011：16.）

图 3-23 西班牙萨拉戈萨世博会阿拉贡展馆（2008 年）（图片来源：王靖男，建筑表皮编织形式的研究 [D].哈尔滨：哈尔滨工业大学，建筑设计及其理论硕士学位论文，2010：55.）

图 3-24 俄罗斯圣彼得堡 Ferrum 1 办公楼（2021 年）TCHOBAN VOSS Architekten（图片来源：gooood）

图 3-25 第十届中国花卉博览会竹藤馆（2021 年）华建集团（图片来源：gooood）

图 3-26 法国蓬皮杜中心梅斯市分馆的编织木构（2010 年）坂茂（图片来源：[日]日经建筑 . 坂茂 [M].范唯，译 . 北京：北京美术摄影出版社，2019:237.）

图 3-27 瑞士斯沃琪 & 欧米茄园区巨型编织木结构屋顶（2019 年）坂茂（图片来源：[日]日经建筑编，世界木造建筑设计 [M].王维，译 . 南京：江苏凤凰科学技术出版社，2020:32.）

图 3-28 鸟巢的"钢构零件"特写（图片来源：sports.sina）

图 3-29 东京微热山丘甜品店室内的光影（图片来源：温雷刚，隈研吾 . 建筑作品中形式转译研究 [D].天津：天津大学，建筑设计及其理论硕士学位论文，2017.）

图 3-30 阿布扎比卢浮宫的"光之雨"（2017 年）让·努维尔（Jean Nouvel）（图片来源：Olivier Boissière and Jean Nouvel, Louvre Abu Dhabi: The Story of an Architectural Project (ARCHITECTURE) [M].Skira Paris,2019.）

第四章 多向度的编织实验

图 4-1 "livMatS"研究展亭 + 细部（2021 年）（图片来源：lcd.uni-stuttgart.）

图 4-2 机器人编织制作"livMatS"研究展亭（图片来源：lcd.uni-stuttgart）

图 4-3 曼谷 SPICE & BARLEY 餐厅的藤条结构（2020 年）Enter Projects Asia （图片来源：gooood）

图 4-4 ZCB 竹亭（2015 年）香港中文大学建筑学院 （图片来源：Archdaily）

图 4-5 "TWIST" 木编装置 （图片来源：arch2o）

图 4-6 ICD-ITKE Research Pavilion 2010（2010 年）德国斯图加特大学（图片来源：achimmenges）

图 4-7 "myThread" 展亭（2012 年）珍妮·萨宾（Jenny Sabin）（图片来源：Rushi）

图 4-8 "myThread" 展亭的仿生编织结构局部（2012 年）珍妮·萨宾（Jenny Sabin）（图片来源：Rushi）

图 4-9 "Lumen 流明" 沉浸式互动装置（2017 年）珍妮·萨宾（Jenny Sabin）（图片来源：Bazaarart china）

图 4-10 来自潜水钟形水蜘蛛的仿生学模拟研究 （图片来源：lcd.uni-stuttgart）

图 4-11 ICD-ITKE Research Pavilion 2015 德国斯图加特大学 （图片来源：lcd.uni-stuttgart）

图 4-12 英国馆 "蜂巢 The Hive"（2015 年）沃尔冈·布特斯（Wolfgang Buttress）（图片来源：gooood）

图 4-13 Tube Cologne "蓝色蜈蚣"（2014 年）纽曼小组（Numen/For Use）（图片来源：Numen）

图 4-14 织网 Z33（2011 年）纽曼小组（Numen/For Use）（图片来源：Numen）

图 4-15 波兰艺术团队 "Decodethecode" 作品 （图片来源：Decodethecode.space）

图 4-16 阿布扎比迪拜金属丝网宫殿 (2017) 埃多尔多·特雷索迪（Edoardo Tresoldi）（图片来源：Archdaily）

图 4-17 钴松饼 Cobalt Muffin 艺术装置（2019 年）Atelier YokYo 事务所 （图片来源：Creater）

图 4-18 棱镜装置（2018 年）Hou de Sousa （图片来源：Archdaily）

图 4-19 纸之茧 Paper Cocoon（2015 年）隈研吾 （图片来源：Artspy）

图 4-20 迪拜世博会碳纤维栅格门（2020 年）阿西夫·可汗（Asif Khan）（图片来源：gooood）

图 4-21 迪拜世博会碳纤维栅格门（2020 年）阿西夫 · 可汗（Asif Khan）细节（图片来源：gooood）

第五章 数字编织与建造

图 5-17 2015—2016 年 ICD/ITKE 研究展亭"蓬状结构"（2016 年）德国斯图加特大学（图片来源：achimmenges）

图 5-18 机器人木缝纫展亭（2017 年）DDRC+ICD （图片来源：achimmenges）

图 5-19 机器人木缝纫展亭制作过程 （图片来源：achimmenges）

后 记

这本的写作始于我读博时的研究，前后历时三年余。编织与建筑的关联是我思考的主题。在当今的建筑领域，拓展个性化的建筑语言成了每个建筑师亟待解决的问题，我想从我的角度对编织与建筑这一主题进行跨领域的研究讨论，并结合多年来在建筑学院的教学实践，将研究成果编写成专著出版，期望起到抛砖引玉的作用。

虽说现在时兴跨界，但专业的界限并没有被真正打破。可能许多人一听"编织"就自然地认为是手工艺，其实这种想法太狭隘了。本书不是简单地对编织在建筑领域的应用进行梳理与总结，而是以更宽泛的视角去讨论编织与建筑，融合当代艺术中的装置、纤维艺术等领域。因为不是只有建筑领域用"编织"来进行实验，在其他的艺术门类中，也有"编织"的各种创新运用，从仿生形态到碳纤维，从数字编织到打印的编织，各自拓展，却精彩纷呈。如果你把这些领域的创新当作建筑实验的未来方向，而不是只作壁上观的旁观者，也许你的视野会更宽阔。我们应本着开源的心态，深挖传统的潜能，抑或从编织在建筑领域的实验开始，开辟一条新的探索之路。

在本书将要付梓之时，最后借这几行文字对我的领导同事们深表感谢。在本书的写作和出版过程中，得到了建筑学院相关领导的关心，感谢王澍老师、陆文宇老师、张敏敏老师、陈立超老师、宋曙华老师对我工作上的支持和帮助，感谢中国美术学院出版社编辑老师的细心修葺，感谢所有阅览本书的朋友。

在这样的时代框架下，期待《编织与建筑》的出版能成为一块引玉之砖。

是为后记。

陈威

2023 年 11 月于钱塘江畔

责任编辑：张惠卿
责任校对：杨轩飞
设计制作：臧润泽
责任印制：张荣胜

图书在版编目（CIP）数据

编织与建筑 / 陈威著 . -- 杭州：中国美术学院出
版社 , 2024. 6. -- ISBN 978-7-5503-3402-1

Ⅰ . TU-8

中国国家版本馆 CIP 数据核字第 2024NG3627 号

编织与建筑　陈威著

出 品 人：祝平凡
出版发行：中国美术学院出版社
地　　址：中国·杭州市南山路 218 号 / 邮政编码：310002
网　　址：http://www.caapress.com
经　　销：全国新华书店
印　　刷：杭州捷派印务有限公司
版　　次：2024 年 6 月第 1 版
印　　次：2024 年 6 月第 1 次印刷
印　　张：14.75
开　　本：787mm x1092mm　　1 / 16
字　　数：300 千
书　　号：ISBN 978-7-5503-3402-1
定　　价：128.00 元